CARTOON MATH

저자 **이광연**
만화 **서석근**

스토리 만화수학

모든 것이 시작된 수

수박스토리

이 도서는 한국출판문화산업진흥원의
'2020년 출판콘텐츠 창작 지원 사업'의 일환으로
국민체육진흥기금을 지원받아 제작되었습니다.

저자 이 광 연

성균관대학교 수학과를 졸업하고 동대학원에서 박사학위를 받았다. 미국 와이오밍 주립대학교에서 박사 후 과정을 마쳤고, 아이오와 주립대학교에서 방문교수를 지냈으며, 현재 한서대학교 수학과 교수로 재직하고 있다. 제7차 개정 교육과정 중, 고등학교 수학 교과서, 2009개정교육과정 중, 고등학교 수학 교과서, 2015 개정교육과정 중, 고등학교 수학 교과서를 집필했으며, 2017년 12월에 교육부 학습자 중심 교과서 체제 마련에 이바지한 공로가 인정되어 교육부 장관 표창장을 받았다.

수학이 세상에서 없어졌으면 좋겠다고 수학 알레르기 반응을 보이는 독자를 위해 〈웃기는 수학이지 뭐야〉, 〈수학, 세계사를 만나다〉, 〈수학, 인문으로 수를 읽다〉, 〈미술관에 간 수학자〉, 〈한국사에서 수학을 보다〉 외에도 많은 책을 통해 '쉬운 수학, 재미있는 수학, 없어서는 안 되는 수학'을 전파하고 있다.

만화 서 석 근

성균관대학교 기계 설계학과를 졸업하고 삼성전자를 퇴사 후 2001년 시공사 주최 기가스 신인 만화 공모전에서 동상을 수상하며 본격적으로 만화가의 길로 들어서게 되었다. 2002년에 시공사에서 첫 단행본을 출간했고 2003년 콘텐츠 문화 진흥원 주최 신인 작가 잡지 연재 지원에 당선되어 2003년부터 2005년까지 대원 월간 잡지 팡팡에서 '대장군 이순신'연재, 2004년~2007년 동아 사이언스 어린이 과학동아에서 다수의 작품 연재, 2006~2009년 삼성출판사와 '괴물(어린이 만화판 전2권), 이이화 선생님의 만화 한국사, 수학 교과서 만화 등을 집필했고 2009년~2011년 수학동아에서 '수만지'를 연재했으며 지금까지 다양한 연재와 여러 권의 단행본을 출간하고 있다.
그 외에도 각종 홍보 만화, 광고 만화 등을 제작했으며 몇몇 출판사와 기획부터 함께하며 작품을 만들기도 했다. 2019년에는 천재 출판사 웹사이트에서 수학 만화를 연재했고 지금은 이광연 교수님과 단행본 작업을 하고 있다.

스토리 만화수학

초판인쇄 2020년 9월 15일
초판발행 2020년 9월 15일

저　자　이광연
만　화　서석근
펴낸곳　수박스토리
주　소　서울 중구 퇴계로 213 일흥빌딩 408호
등　록　2016년 10월 1일 제571-92-00230호
전　화　02)381-0706 ｜ 팩스 02)371-0706
이 메 일　emotion-books@naver.com
홈페이지　www.emotionbooks.co.kr

ISBN 979-11-89876-28-9
값 15,000원

이 도서의 국립중앙도서관 출판예정도서목록(CIP)은 서지정보유통지원시스템 홈페이지(http://seoji.nl.go.kr)와 국가자료공동목록시스템(http://www.nl.go.kr/kolisnet)에서 이용하실 수 있습니다. (CIP제어번호 : CIP2020035643)

이 책은 저작권법으로 보호받는 저작물입니다.
이 책의 내용을 전부 또는 일부를 무단으로 전재하거나 복제할 수 없습니다.
파본이나 잘못된 책은 바꿔드립니다.

CARTOON MATH

저자 **이광연**
만화 **서석근**

스토리 만화수학

모든 것이 시작된 수

머리말

만화는 사물의 형태나 사건의 성격을 과장되거나 생략되게 표현하여 풍자나 웃음의 소재로 삼는 회화이다. 그래서 만화는 오히려 현실적이거나 논리적이지 않은 경우가 대부분이다. 반면 수학은 사회과학과 자연과학의 기초가 되므로 매우 현실적이며 논리적이다. 이렇게 상반된 두 분야가 협동하면 어떻게 될까?

만화를 활용하여 수학적 지식을 전달하는 방법은 여러 가지가 있다. 지금까지 수학을 다룬 만화는 많지만 약 99%가 수학적 내용보다는 스토리 위주이기 때문에 아무리 여러 번 읽는다고 하더라도 수학에 대한 이해나 흥미를 높일 수 없었다. 부모님들은 이런 만화를 읽음으로써 아이들이 수학에 관심을 가지기 바라지만 애석하게도 정작 아이들은 만화의 스토리 전개에 더 흥미를 보이는 것이 현실이다. 더욱이 아이들은 이런 만화책에 소개된 수학적 내용을 한번 본 것만으로 자신이 그것에 대하여 모두 안다고 착각하게 된다.

이런 착각은 오히려 아이들이 수학을 공부하지 않게 되는 이유이기도 하다.

이런 연유로 수학적인 내용을 강화하면서도 쉽고 흥미롭게 이해할 수 있도록 스토리 라인을 제거한 만화의 등장을 기다리는 독자들이 많았다. 독자들의 이런 목마름을 해결하기 위하여 수학자와 만화가가 만났고, 마침내 수학을 처음 시작하는 어린이부터 수학에 관심이 있는 어른에 이르기까지 누구나 부담 없이 볼 수 있도록 담백한 그림을 이용하여 수학의 줄기를 소개하는 책을 제작하게 되었다.

이 책은 수학의 거대한 줄기를 간략하게 줄이면서도 내용의 깊이를 유지했고, 익살스러우면서도 재미있는 그림으로 수학을 쉽게 이해할 수 있도록 구성되어 있다. 그래서 수학의 다양한 분야와 내용뿐만 아니라 활용 영역까지도 이해할 수 있다.

사실 'Mathematics(수학)'의 어원을 피타고라스학파의 별명에서 비롯되었다. 피타고라스는 B.C. 500년경에 이탈리아반도의 끝에 있는 크로톤이라는 도시에 '공동체 생활'이라는 의미를 지닌 '케노비테스(Cenobites)'라는 학교를 세우고, 철학, 수학, 자연과학, 사회과학 등 거의 모든 분야를 가르쳤다. 제자들은 자신의 성격과 능력에 맞게 각자의 전공을 선택할 수 있었지만 모든 제자는 산술, 음악, 기하, 천문학을 반드시 배워야 했다. 그래서 당시 사람들은 배움이라는 의미의 '마테마(mathema)'와 깨달음이라는 의미의 '마테인(mathein)'을 합쳐 공동체에서 생활하는 피타고라스의 제자들을 '모든 것을 연구하고 깨우치는 사람들'이라는 의미로 '마테마테코이(Mathematekoi)'로 불렀다. 이것이 바로 오늘날 수학을 의미하는 단어가 되었다. 결국 수학은 '모든 것을 연구하고 깨닫는 분야'이다.

독자들은 스스로 마테마테코이가 되어 세상의 모든 것을 연구하고 깨치기 위한 첫 걸음으로 이 책을 늘 곁에 두고 부담없이 보기 바란다.

저자 일동

C O N T E N T

PART 01 수의 시작과 표현　　　　　　　　　　　　　　　　7

PART 02 수 0과 나눗셈　　　　　　　　　　　　　　　　21

PART 03 수 1과 원　　　　　　　　　　　　　　　　　　45

PART 04 수2와 소수　　　　　　　　　　　　　　　　　63

PART 05 수 3과 한글　　　　　　　　　　　　　　　　　77

PART 06 수 4와 제곱근　　　　　　　　　　　　　　　　93

| PART 07 | 수 5와 황금비 | 113 |

| PART 08 | 수 6과 메르센 소수 | 127 |

| PART 09 | 수 7과 순환소수 | 147 |

| PART 10 | 수 8과 피보나치 수열과 황금비 | 161 |

| PART 11 | 수 9와 마방진과 미로 | 179 |

| PART 12 | 수 10과 십진법 | 199 |

PART 01

수의 시작과 표현

1. 수의 시작과 표현

이런 수들을 인간만이 구분할 수 있을까?

몇몇 동물들도 어느 정도의 수까지는 인지하는 것으로 알려져 있다.
이를테면 까마귀는 4명까지는 구분할 수 있고, 침팬지의 경우는 수뿐만 아니라
글자까지도 인지할 수 있다는 것이 실험을 통해 알려져 있다.

그렇다고 동물들이 수를 진짜로 알고 있다고 할 수는 없다. 동물은 자신과 직접 관련이 있는 것들의 수를 어느 정도 직관적으로 알아보지만 이런 능력이 사람이 가지고 있는 수의 개념과 같은 것은 아니다.

이를테면 셈을 할 줄 아는 동물이 가끔 텔레비전에서 소개되는데, 이런 동물들은 주인의 표정이나 태도 또는 기분을 동물적 감각을 통하여 답을 맞히는 것이다.

사람들 조차도 대부분 1, 2, 3,... 같은 자연수만 실제로 있고, 음수 -1, -2,...은 상징적이라고 생각한다.

그 이유는 0은 아무것도 없는 상태이기 때문에 아무것도 없는 것보다 더 작은 것은 불합리하다는 것이다.

하지만 이런 수들은 모두 인류가 수천 년 동안 고민한 결과로 생긴 것이다.

수학에서는 같은 수라고 하더라도 의미하는 것이 다른 경우가 많다. 이를테면 자연수와 관련하여 0은 단순히 '없음'을 나타낸다.

첫째, 수는 결코 사물의 일부도 사물의 어떤 특별한 성질도 아니다. 즉, 수는 사물이 딱딱한지 물렁거리는지와 같은 물리적인 성질과는 아무런 관련이 없다.

그러면서도 수는 사물과 관련지어지는 아주 편리한 기호이다.
예를 들어, 꽃가게에서 장미 37송이, 백합 41송이, 무궁화 29송이, 수선화 49송이를 산다고 할 때, 꽃가게 주인은 계산기를 두드려 꽃은 모두 몇 송이이고 가격은 모두 얼마인지를 알 수 있는 편리한 기호이다. 즉, 수는 단순한 모양의 기호이지만 쓰임새가 아주 많은 편리한 도구이다.

둘째, 수의 기호인 숫자를 사용하여 덧셈, 뺄셈, 곱셈, 나눗셈 등의 셈을 할 수 있다는 것이다.

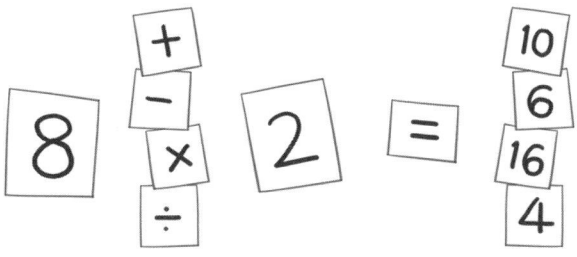

모두 몇 송이인지, 가격은 얼마인지, 거스름돈은 얼마인지를 알기 위한 덧셈이나 뺄셈 등의 연산을 너무나도 당연하다고 생각하겠지만 그것은 수 사이에서만 이루어지는 것이지 꽃과 같은 물건 끼리를 더하거나 빼거나 하는 것은 아니라는 사실이다. 물건값을 셈하는 가게주인은 여러 종류의 꽃을 더하는 것이 아니라 이것들과 관련 지어진 수를 셈하는 것이다

인류가 자연수를 깨닫기 시작하여 그 수를 숫자로 표현하기까지는
많은 시간이 필요했다.

인류가 언제부터 수에 대하여 생각했는지는 정확히 알 수 없다.
하지만 옛날 사람들은 자기 가족이 몇 명인지, 기르는 가축이 몇 마리인지,
사냥에 사용되는 창이나 화살은 몇 개가 남아있는지를 알아야 했을 것이다.

그래서 숫자보다 먼저 생각한 것이 바로 일대일대응이다.

물건의 개수를 숫자로 나타내지 않아도 하나에 하나씩 짝을 지어 놓고 그 결과가 어떤지 이해할 수 있다면 어떤 물건이 모두 몇 개인지, 다른 물건에 비하여 더 많은지, 적은지, 또는 같은지를 알 수 있다.
그것이 바로 일대일로 짝을 지어 세는 원리이다. 이를테면 어린이들이 유치원에서 자기 이름이 붙어 있는 신발장에 자신의 신발을 넣는 것과 같은 원리이다.

어느 날 농부가 잘 익은 사과를 잔뜩 따서 항아리에 넣어 두었다.
농부는 숫자도 모르고 셈을 할 줄 모르는 원시인에게 항아리에서 사과 5알을 가져오라고 했다.
그러나 원시인은 수를 모르기 때문에 농부가 무엇을 원하는지 알 수 없었다. 그때 농부는 원시인의 손에 돌멩이 5개를 쥐어주었다.
원시인은 돌멩이가 5개인지는 알 수 없었지만, 손에 쥔 돌멩이와 사과를 각각 하나씩 짝을 지어 사과 5개를 가져올 수 있었다.

조약돌은 라틴어로 'calculus'라고 하는데
이 단어가 오늘날 '계산하다'라는 단어
'calculate'의 어원이다.
이것으로 보아 조약돌을 이용한 계산 방법이
이미 널리 사용되고 있었음을 알 수 있다.

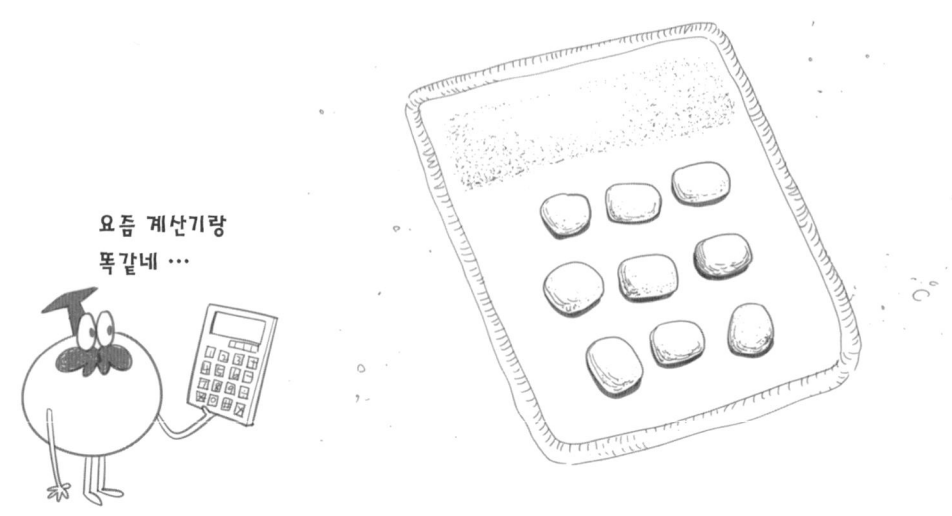

눈금을 새긴 것으로 가장 유명한 유물은 1960년 아프리카 콩고의 비궁가 국립공원내의 이상고(Ishango)에서 발견된 '이상고 뼈'이다. 이 뼈는 기원전 20,000~18,000년 사이에 제작된 것으로 추정되며 비비의 비골에 수열을 기록한 것으로 다음 그림은 앞면과 뒷면이다. 어떤 사람은 이 뼈가 계산을 위한 도구라고 주장하기도 하고, 어떤 사람은 달력이라고 주장하기도 한다.

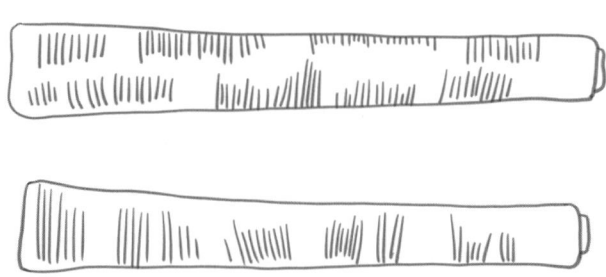

계산을 위한 도구였다는 이유는 새겨진 눈금을 보면
3과 6, 4와 8, 10과 5와 같이 배수 관계인 수들과

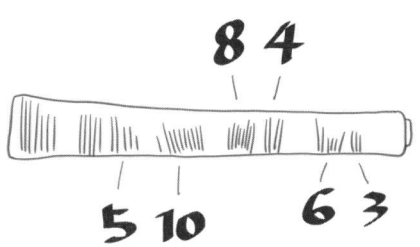

9, 19, 21, 11의 밑에 있는 19, 17, 13, 11 때문이다.
9, 19, 21, 11은 각각 (10-1), (20-1), (20+1), (10+1)이고,

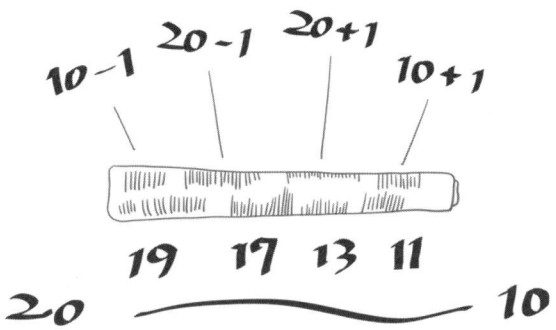

19, 17, 13, 11은 10과 20 사이의 소수이다.

또 세 수열의 합은 각각 48, 60, 60으로 모두 12의 배수이므로 이 도구를 제작한 사람이 곱셈과 나눗셈을 이해하고 있었다고 추측할 수 있다.

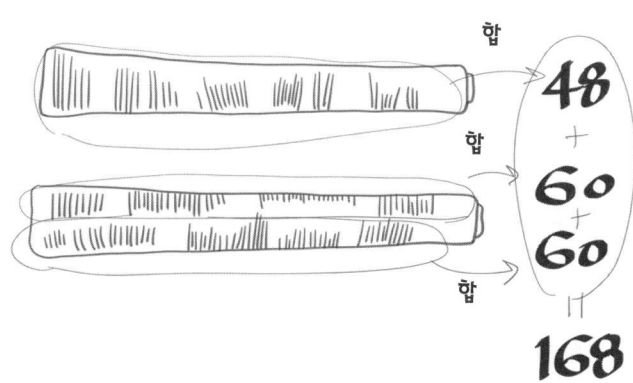

달력인 이유는 눈금을 모두 합하면
60+48+60=168이고, 이것은 음력으로
6개월 동안의 일수와 같기 때문이다.

수를 표현하는 또 다른 방법은 매듭을 이용하는 것이다.

페루의 잉카인들은 수확한 곡식의 양이나 기르고 있는 가축의 수를 기록하기 위하여 매듭을 지었다.

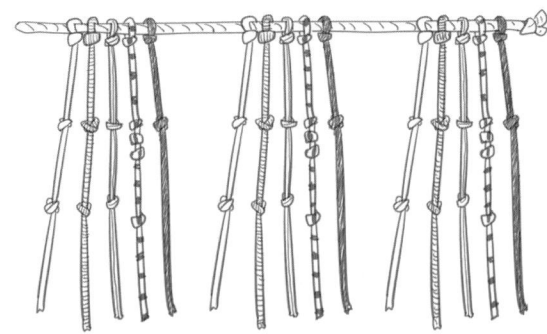

그들은 가축과 곡식에 따라 각기 다른 색의 끈을 사용하여 그 양을 매듭지어 나타냈다.

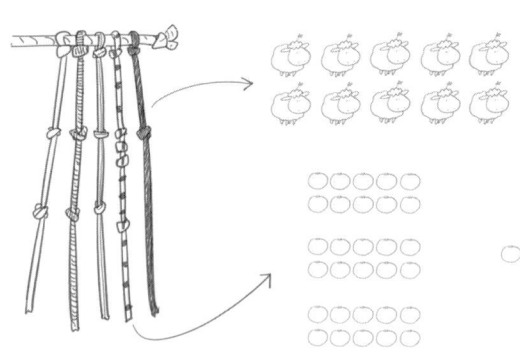

그래서 그들에게는 수를 나타낼 특별한 기호는 별로 필요하지 않았다. 하지만 눈금이나 조약돌, 매듭 등으로 수를 표현한 이후에 이들을 부를 이름은 필요했다.

고대인들은 수에 각각 적당한 이름을 붙이게 되었는데, 인류가 수의 개념을 인식하는 과정은 언어에도 남아있다.
그리스어를 포함하여 여러 언어에는 '하나', '둘', '둘보다 많다'고 하는 세 가지 구별법이 남아있고,

대부분 언어에는 하나를 나타내는 단수와 여럿을 나타내는 복수의 두 가지 구별밖에 없다는 것이 바로 그것이다.

고대 인류는 분명히 맨 처음에는 둘까지만 세었고 그보다 많은 개수에 대하여는 어느 경우나 '많다'고만 했다.

아프리카의 피그미족은 1, 2, 3, 4, 5, 6을 말할 때, 'a, oa, ua, oa-oa, oa-oa-a, oa-oa-oa'라고 한다.

오스트레일리아(Australia)와 뉴기니아(New Guinea) 사이에 사는 파푸아(Papua) 원주민들은 1을 우라펀(Urapun), 2를 오코사(Okosa)라고 하며 3은 오코사 우라펀, 4는 오코사 오코사, 5는 오코사 오코사 우라펀, 6은 오코사 오코사 오코사와 같이 수를 셌다.

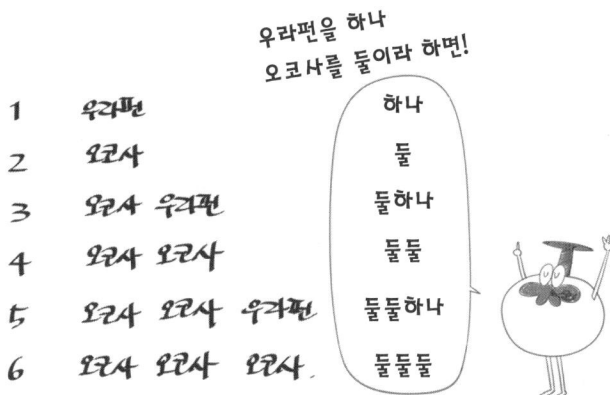

1. 수의 시작과 표현

남태평양 뉴기니섬의 파푸스족은 다음 그림처럼 신체 각 부 위에 1부터 41까지 수를 짝지어 사용했다고 한다. 사과 13개를 가진 파푸스족은 사과가 내 '왼쪽 눈'만큼 있다고 표현했다.

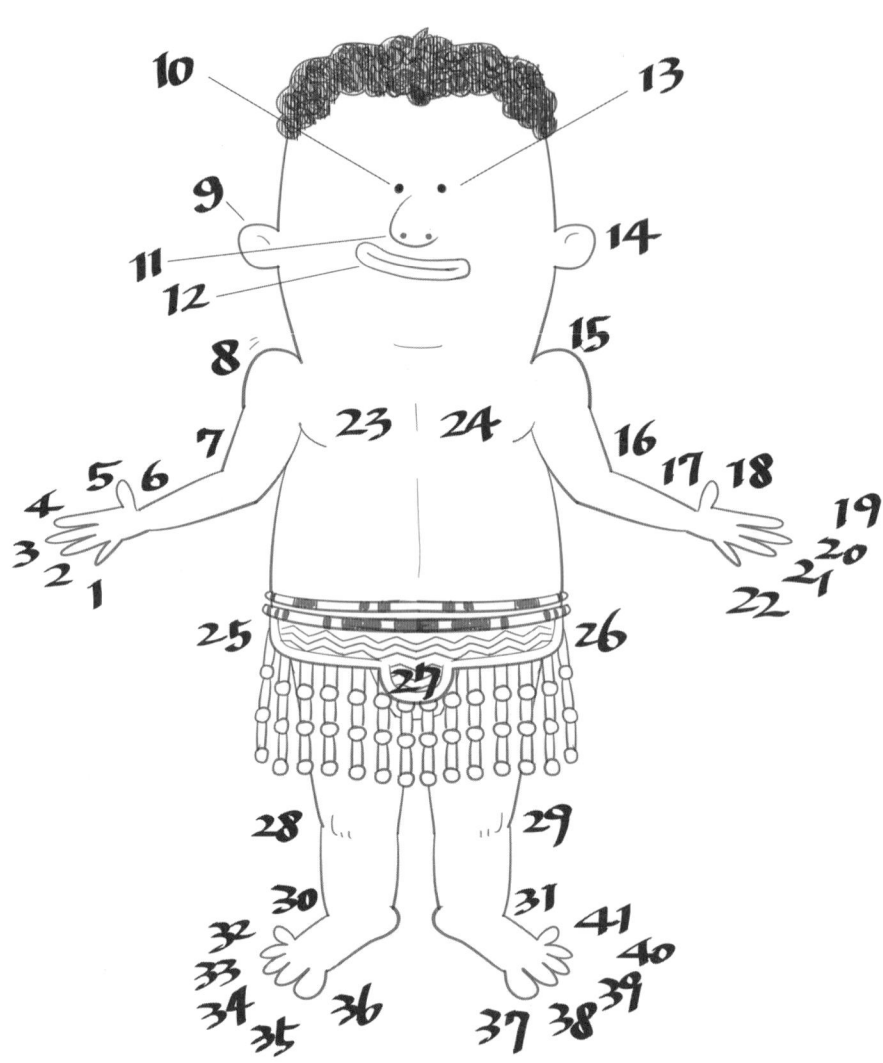

그렇다면 수를 셀 줄 모르고 숫자도 없다면 어떤 일이 일어날까?

아마도 큰 손해를 보고도 알지 못했을 것이다.
우리는 수와 숫자 덕분에 물건의 가치를 편리하게
따지고 비교할 수 있게 된 것이다.

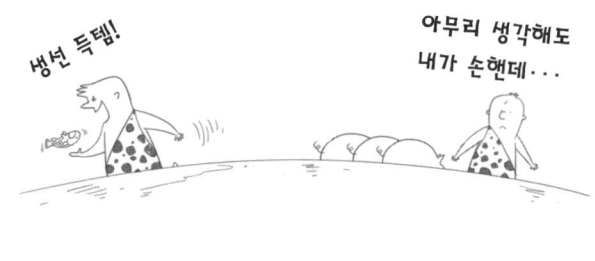

그래서 수와 숫자는 머리가 아프지만
우리에게 꼭 필요하다.

시간이 흐르면서 수를 세기 위한 웅얼거림은 기호, 즉 숫자의 발명으로 이어졌다.
이제 이와 같은 수에 대하여 여러 가지 흥미로운 사실을 알아보자.

PART 02

수 0과 나눗셈

2. 수 0과 나눗셈

수는 인류가 문명을 시작할 때부터
우리와 함께한 친구이다.

원시인들은 돌도끼를 만들고 야생동물을 사냥할 때부터 수에 대한 어렴풋한 개념을 가지고 있었다.

물론 지금과 같은 형태를
갖추기까지는 꽤 오랜 시간이 걸렸다.
어느 날 아침에 천재적인 원시인이
잠에서 깨어 갑자기 '하나, 둘, 셋'하고
세지는 않았을 것이다.

원시인들은 자신의 의사를 몇 마디 의성어를 사용하여 대화했고
글을 쓰기 위한 문자는 없었으며, 유통수단으로써 화폐도 없었다.

그러나 비록 수라는 단어조차 없었지만 원시인들은
수가 무엇인지 모르는 상태에서도 의식적으로 수를
사용하고 있었던 것이다.

그들은 단지 정확한 수의 개념이나 수를 표현할 방식을 몰랐을 뿐이다.
원시인들은 어떤 물건이 한 개, 두 개, 세 개, 또는 많다는 것을 나름대로 구분할 수 있었지만 확실하게 표현할 수는 없었다.

원시인들은 사과가 8개인지 9개인지 구분하고, 그 차이가 몇 개인지 알아내서 다른 원시인에게 전달하는데 꽤 애를 먹었을 것이다.
지금의 우리와 똑같이 보고 생각할 수 있었겠지만 그 차이를 설명할 만한 수단, 즉 셈이 없었기 때문이다.

셈, 즉 계산이란 수를 이해할 수 있는 훌륭한 방식이다.

이런 원시인들에게 셈은 부족들 사이의 전쟁에서 처음 사용되었을지도 모른다.

다른 부족의 공격을 막거나 또는 공격하기 위해 많은 전사들을 보낸 부족장은 나중에 전사들이 모두 무사히 살아 돌아왔는지 확인하기 위하여 수를 세었다.

그리고 부족장은 이 전투에서 목숨을 잃은 전사들에 대한 보상을 요구하기 위해 셈을 했야 했고, 이를 상대 부족에게 통보해야 했다.
'우리 부족은 이번 전투에서 5명의 전사를 잃었다. 돼지 5마리로 보상하라.'고 할 때 5라는 수를 표현할 방법이 없다면 어떻게 정확한 의사 표현을 할 수 있었을까?

그런데 부족장은 이런 계산을 의외로 간단한 방법인 돌멩이를 이용하여 해결했다.
부족장은 부족의 전사들이 전투에 나가면 그 수에 해당하는 돌을 쌓아두었다가 그들이 돌아오면 한 사람당 하나씩 돌을 치웠다.

그러면 남아있는 돌은 전투에서 돌아오지 못한 전사들의 수와 일치했다.

부족장은 남아있는 돌멩이를 상대 부족에게 보이며 그 만큼의 돼지를 보상받을 수 있었다.

하지만 돌멩이를 사용할 때 몇 가지 불편한 점이 있었다. 돌멩이를 놓아둘 공간이 필요했으며, 무거운 돌멩이를 가지고 다니기도 불편했다.

그래서 필요한 돌멩이의 개수를 그림으로 나타내는 방법을 생각했고, 이것이 최초의 숫자가 되었다.

게다가 수를 표현한 그림을 읽는 규칙도 정하게 되면서 수를 말할 수 있게 되었다.

수를 적기도 하고 소리 내어 말할 수도 있게 되었다고 해서 수에 대하여 다 알게 된 것은 아니다.
문제는 눈에 보이는 물건의 개수는 수로 표현하고 소리 내어 셀 수 있었지만 아무것도 없는 상태를 표현할 수 없었다.

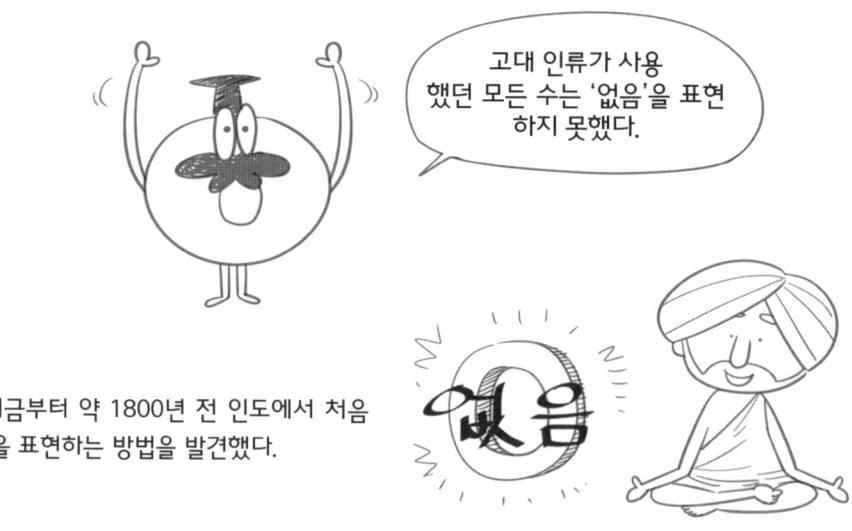

그러다가 지금부터 약 1800년 전 인도에서 처음으로 '없음'을 표현하는 방법을 발견했다.

바빌로니아, 그리스, 마야, 중국 등 여러 지역의 사람들은 다른 수들을 정확한 위치에 표현하기 위하여 일종의 구분자 역할을 하는 기호가 필요하다는 것을 이미 알고 있었다.
그래서 수를 사용할 때, 어떤 지역은 위치표시가 필요없는 수체계를 사용하기도 했고, 어떤 지역은 위치에 따라 수의 크기가 다르다는 것을 표시하기 위한 단순한 구분자로서 0을 사용했다.

0이 구분자 역할 외에도 더 많은 의미를 가진다는 것을 인도인들이 가장 먼저 알아냈다.

인도인들은 0이 실제 수임을 안 것이다.

인도인들은 숫자가 쓰인 위치에 따라 다른 값을 나타내는 위치수체계를 사용했다.

수의 이런 위치법은 6세기경에 거의 완전한 형태를 갖추게 되었다.

위치법은 일 단위, 십 단위, 백 단위, 천 단위 등을 위한 빈자리를 지시하는 0의 탄생으로 완성되었다.

예를 들어 숫자 1과 2를 이용하여 수를 표현하면 수가 놓인 위치에 따라
12는 열둘, 102은 백이, 120은 백이십,
1002는 천이, 1200은 천이백을 나타낸다.

초창기에 이런 수들을 표현하려고 단순히 간격을 벌였는데, 읽을 때의 모호함 때문에 인도인들은 하나의 기호로 점 또는 원을 사용했다.

0을 발견하기 위해서는 '없음' 또는 '공백'이라는 개념을
수용할 수 있는 생각을 가지고 있어야 했다.

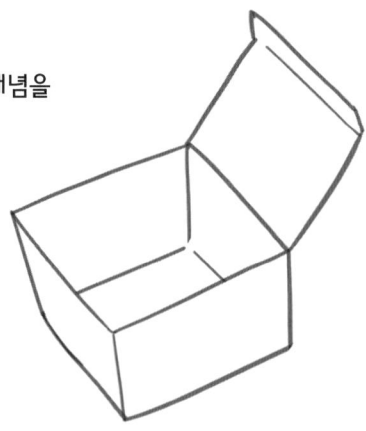

'없음' 또는 '공백'은 산스크리트어로 '슈냐(shûnya)'라고 하며 슈냐는 '부재'를 의미한다.
초창기부터 슈냐라는 단어는 공백, 하늘, 공기, 공간의 의미를 내포하고 있었다.

그래서 일 단위, 십 단위, 백 단위 등과 같은
수의 요소 중 하나로 부재라는 수학적 개념을
표현하기 위해 인도의 학자들은 슈냐라는 단어가
수학적 관점에서뿐만 아니라 철학적 관점에서도
매우 적절하다고 생각했다. 이것이 바로 오늘날
우리가 0이라고 부르는 것이다.
그리고 인도에서 0을 표현했던 네 가지 모양과
명칭이 있었다.

첫 번째, 문자 그대로 '빈 공간'을 뜻하는 '슈냐카(shûnya-kha)'가 있다. 연산을 가능하게 하는 0의 이름이었던 슈냐카는 수 표현 방법에서 각각의 단위에 부재를 나타내기 위해 빈칸으로 나타냈다. 즉, '1 2'는 1과 2 사이에 슈냐카가 하나 있는 것으로 '백이'를 나타낸다.

두 번째, 0의 표현에는 문자 그대로 '빈 원'을 나타내는 '슈냐-샤크라(shûnya-châkrâ)'가 있다. 이 명칭은 인도와 남아시아 전역에서 지금도 사용되고 있다고 한다.

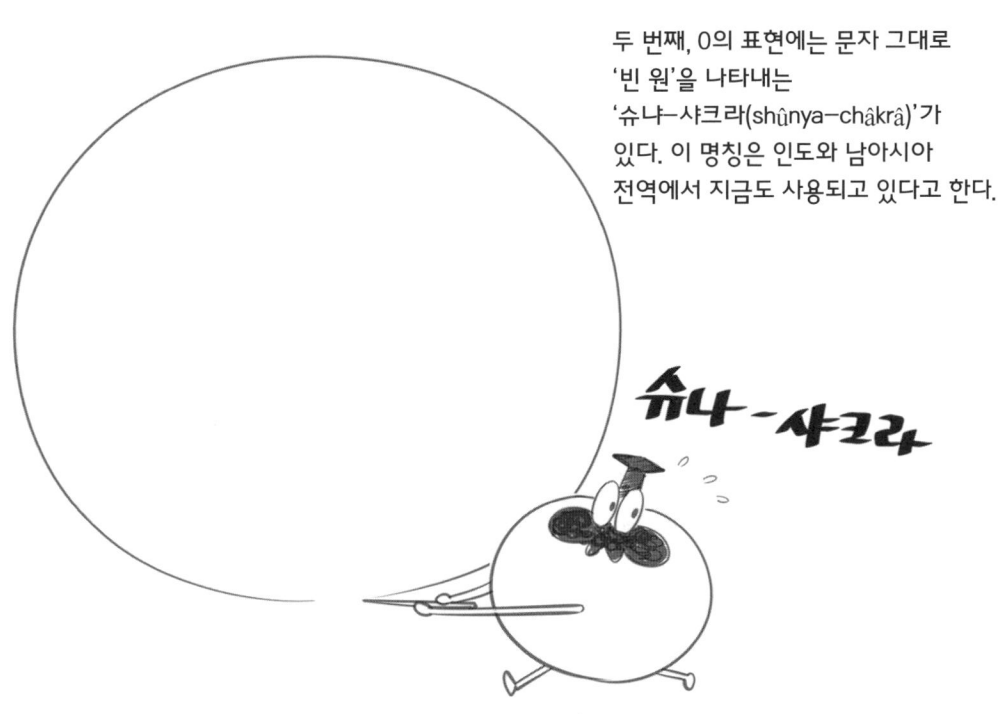

세 번째 0의 표현은 '슈냐-빈두(shûnya-bindu)'이다. 이것은 '영-점'을 의미하며 카시미르의 여러 지역에서 사용되었다고 한다. 순전히 기하학적이고 수학적인 양상을 넘어 이 슈냐-빈두는 힌두인들에게 있어서는 창조적 에너지를 공급하며, 모든 것을 잉태하게 할 수 있는 원점으로 여겨졌다고 한다.

네 번째 0의 표현은 '슈냐-삼캬(shûnya-samkhya)'로 '빈-수'를 의미한다. 0이라는 개념의 발달은 '부재의 정의'라는 단순한 기호를 넘어 무량(無量)을 의미하는 완전한 수로 이어졌다. 무량을 나타내는 것이 바로 슈냐-삼캬이다.

앞에서 알아본 것처럼 0을 나타내는 네 가지 명칭 모두에 '슈냐'가 있기 때문에 보통은 0을 슈냐라고도 한다.

지금이야 어린아이들도 0에 대한 개념을 배우지만 7세기까지만 해도 수로써 0을 생각할 수 있는 사람은 천재 수학자뿐이었다.

특히 인도의 수학자 브라마굽타는 0이 양수와 음수를 구분할 수 있다는 사실도 밝혀냈는데, 그는 양수와 음수라는 말 대신에 재산과 빚이라는 표현을 썼다.

하지만 브라마굽타는 0과 나눗셈의 관계를 정확하게 이해하고 있지는 못했다.
어떤 수를 0으로 나눈다는 것과 0을 다른 수로 나누는 것이 무슨 뜻인지 이해하지 못했다.

이를테면 그는 0을 0으로 나누면 0이 된다고 잘못 생각했다.

브라마굽타가
생각한 0의 개념에 대하여 알아보자.

빚에서 0을 빼면 빚이 그대로이다.
즉 −5 − 0 = −5

재산에서 0을 빼면
재산이 그대로이다.
즉 5 − 0 = 5

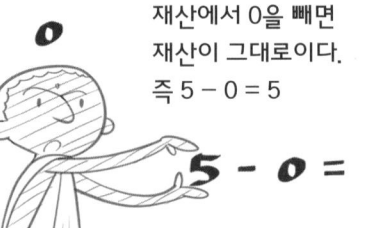

0에서 0을 빼면 0이다.
즉 0 − 0 = 0

0에서 빚을 빼면 재산이 된다.
즉 0 − −5 = 5

0에서 재산을 빼면 빚이 된다.
즉 0 −5 = −5

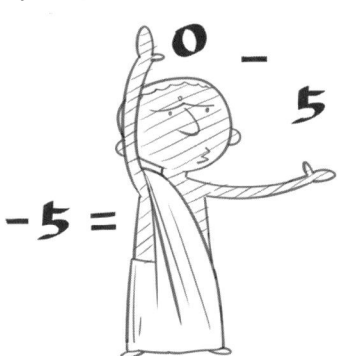

빚이나 재산에 0을 곱하면 0이 된다. 즉 $0 \times -5 = 0, 0 \times 5 = 0$

천재 수학자였던 브라마굽타도 0과 나눗셈에 있어서는 약간 혼란스러웠던 것 같다.
다음은 0과 나눗셈에 대한 그의 생각이다.

재산이나 빚을 0으로 나누면 0이 분모가 되는 분수가 나온다.

즉, $5 \div 0 = \dfrac{5}{0}$, $-5 \div 0 = -\dfrac{5}{0}$

0을 빚이나 재산으로 나누면 0이 되거나
분자는 0, 분모는 유한수를 갖는 분수가 된다.

즉, $0 \div 0 = 5$ 또는 $\dfrac{5}{0}$

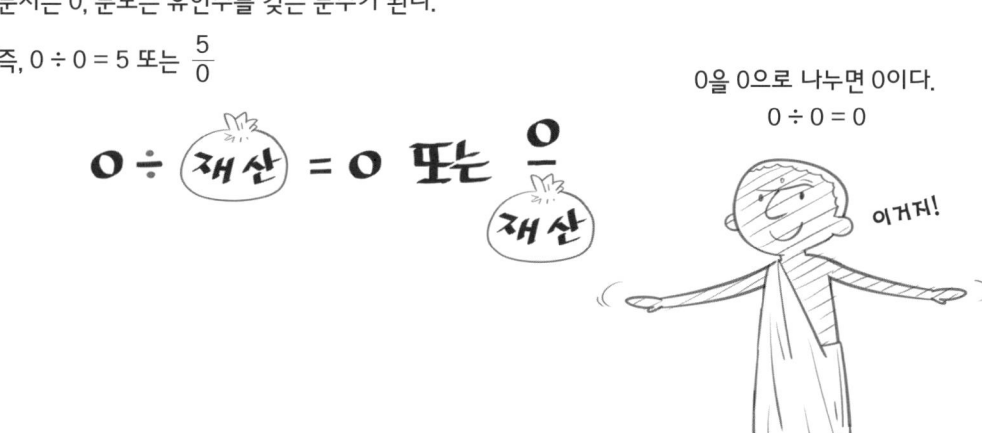

처음에는 브라마굽타의 주장이 옳은 것으로 받아들여졌지만 많은
시간이 지난 후에 옳지 않다는 것이 밝혀졌다.

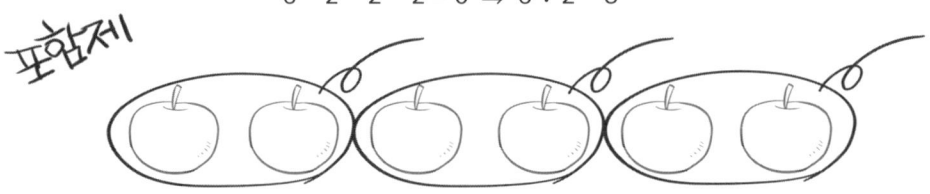

브라마굽타가 0이 포함된 나눗셈에서 가졌던
어려움을 이해하기 위하여 나눗셈에
대하여 간단히 알아보자.

나눗셈에는 똑같이 덜어내는 포함제와 똑같이 나누는 등분제가 있다.
예를 들어 '사과 6개를 2개씩 묶어서 덜어내면 몇 번 덜어낼 수 있는가?' 하는 때의 나눗셈은
포함제이고, '사과 6개를 2개의 그릇에 똑같이 나누어 담으면, 한 그릇에는 몇 개의 사과가 있겠는가?
하는 때의 나눗셈은 등분제이다. 둘 다 6 ÷ 2 = 3 이라는 식으로 표현되나 그 의미는 서로 다르다.
'사과 6개를 2개씩 묶어서 덜어내면 몇 번 덜어낼 수 있는가?'를 구하는 나눗셈(포함제)은 다음 그림과
같이 6개의 사과를 2개씩 묶어서 3번 빼내면 남는 것이 없게 되므로 6-2-2-2=0과
같은 의미이다.

$$6 - 2 - 2 - 2 = 0 \Rightarrow 6 \div 2 = 3$$

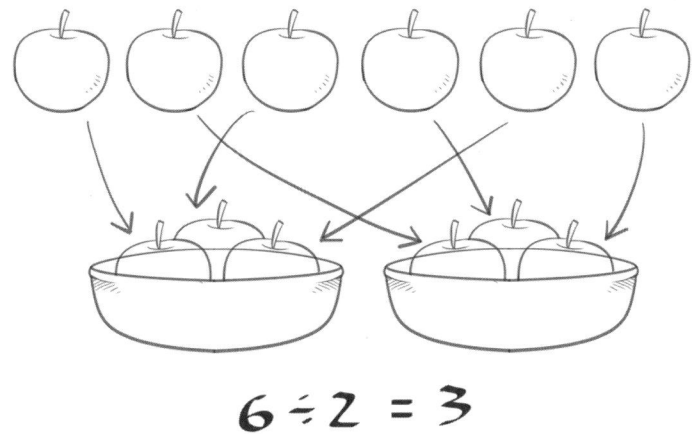

그러나 '사과 6개를 2개의 그릇에 똑같이 나누어 담는 경우, 한 그릇에는 몇 개의 사과가 있겠는가?'를 구하는 나눗셈(등분제)은 앞에서와 같이 빼기로 나타낼 수 없다.

굳이 나타내려면 다음과 같이 나타내야 한다.

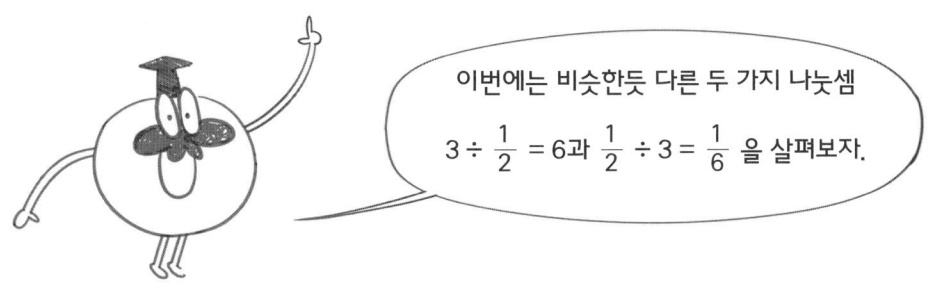

하지만 이런 표현은 수학에서 사용하지 않는 것으로 정확한 식이라고 할 수 없다.

이번에는 비슷한듯 다른 두 가지 나눗셈 $3 \div \frac{1}{2} = 6$과 $\frac{1}{2} \div 3 = \frac{1}{6}$ 을 살펴보자.

두 나눗셈식 가운데 어떤 것이
포함제이고 어떤 것이 등분제일까?

먼저 의 경우, $3 \div \frac{1}{2} = 6$의 경우, 3개의 사과에서 반쪽씩 빼면 모두 6번을 뺄 수 있다는 것이므로 포함제이다. 즉, $3 - \frac{1}{2} - \frac{1}{2} - \frac{1}{2} - \frac{1}{2} - \frac{1}{2} - \frac{1}{2} = 0$ 이므로 3에는 $\frac{1}{2}$이 모두 6번 들어있다는 뜻이다.

하지만 3개의 사과를 반 접시에 나누어 놓을 수 있을까?

반만 있는 접시는 있을 수 없기 때문에 이것은 등분제는 아니다.

한편 $\frac{1}{2} \div 3 = \frac{1}{6}$은 '$\frac{1}{2}$에서 3을 몇 번 빼내면 될까?'라는 포함제로는 풀 수 없다.

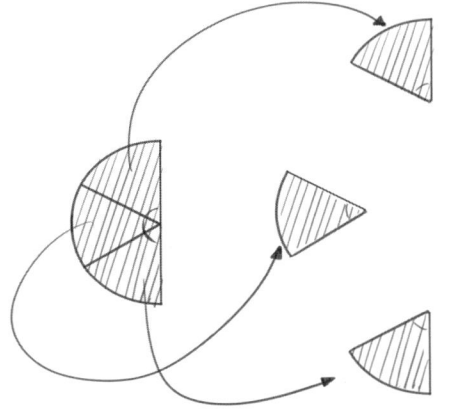

이 경우는 '사과 반쪽을 세 부분으로 나누면 한 부분에는 얼마만큼의 사과가 있겠는가?' 하는 등분제가 된다. 이 경우는 다음 그림과 같이 되며 뺄셈식으로 나타낼 수 없다.

이제 0으로 나누는 문제로 돌아가 보자.

5를 2로 나누면 5의 절반은 2.5이므로 답은 2.5이다.

5에는 5가 한 번 들어가므로 5 ÷ 1 = 5이다.

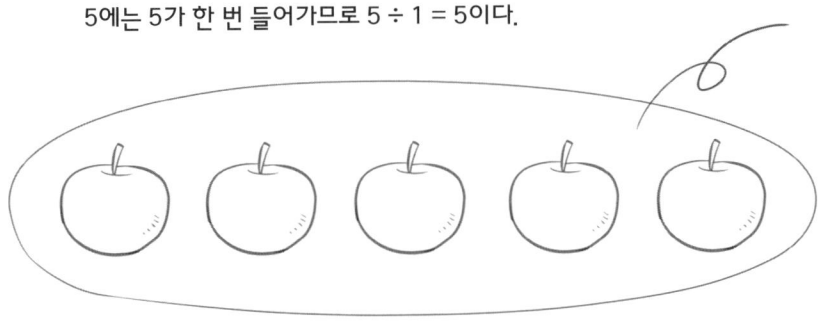

그렇다면 5에는 0.5가 10개 들어있으므로 5 ÷ 0.5의 답은 10이다.

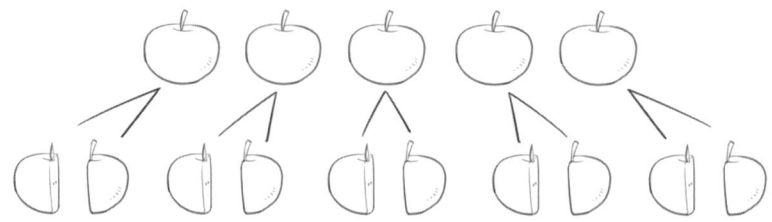

나누는 수가 각각 2, 1, 0.5로 점차 작아질수록 나눈 결과 값은 커진다.

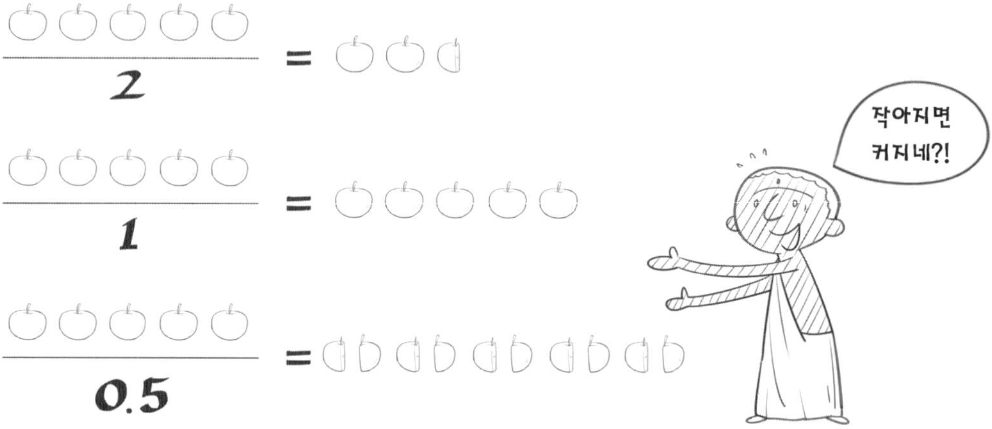

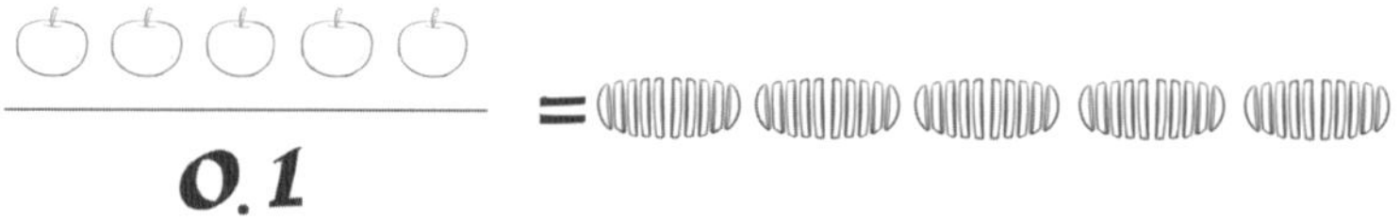

2
1
0.5
작아지면 커지네?!

0.1

5를 조각의 크기가 매우 작아 거의 0에 가까우면 5를
나눈 조각의 개수는 엄청나게 많아진다고 생각할 수 있다.
즉 5를 0으로 나누면 무한대가 나올 것이라고 추측할 수 있다.

0

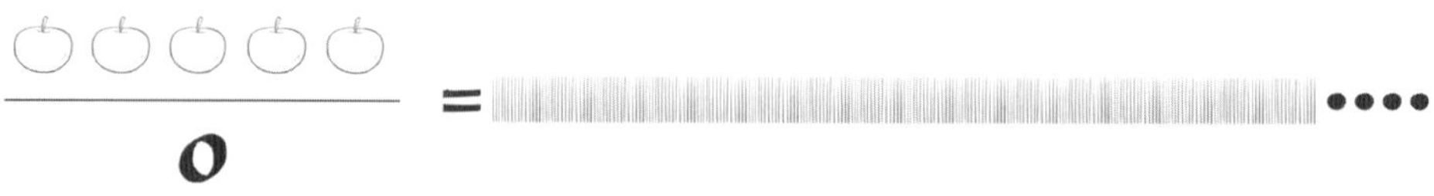

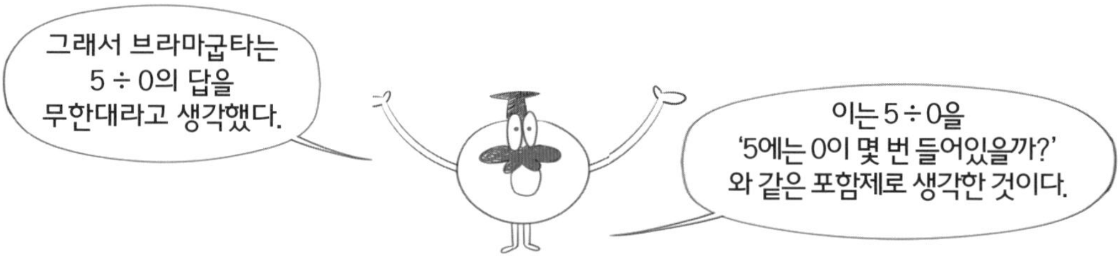

그래서 브라마굽타는 5 ÷ 0의 답을 무한대라고 생각했다.
이는 5 ÷ 0을 '5에는 0이 몇 번 들어있을까?'와 같은 포함제로 생각한 것이다.

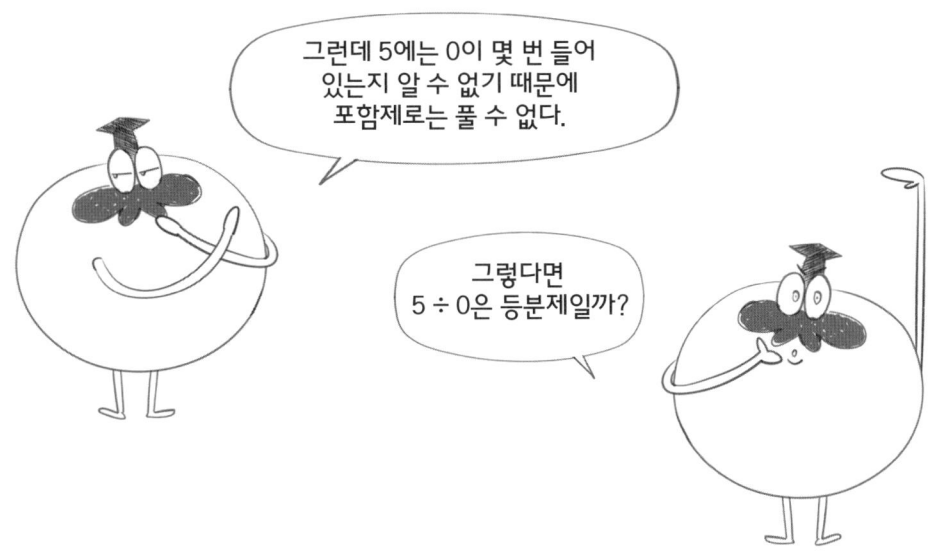

등분제라면 '빵 5개를 아무에게도 나누어 주지 않았을 때, 각 사람은 얼마만큼의 빵을 가지고 있을까?'와 같은 문제이다.

그런데 아무에게도 나누어주지 않았는데 가지고 있는 양을 계산할 수는 없다. 즉, 사람이 없는데, 없는 사람이 가지고 있는 양을 구할 수는 없다.
결국 이 문제는 등분제로도 해결할 수 없다. 따라서 5를 0으로 나누는 것은 생각할 수 없다.

0에는 5가 몇 번 들어있을까?

0은 아무것도 없음을 나타내므로 5가 들어있을 수 없다. 즉, 0에는 5가 한 번도 들어있지 않다.

다시 말하면 0에는 5가 0번 들어있다. $\frac{0}{5} = 0$

마지막으로 0을 0으로 나누는 경우를 생각해 보자.

$0 \div 0 = \frac{0}{0}$

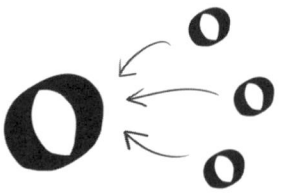  나눗셈의 성질에 의하여 은 0에 0이 몇 번 들어있는지 구하면 된다.

그런데 0에는 0이 1번 들어있을 수도 있고, 2번 들어있을 수도 있고, 3번 들어있을 수도 있다.

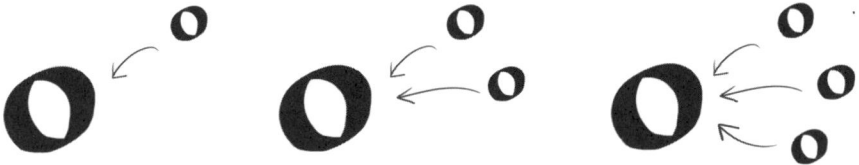

그래서 0 ÷ 0 = 1도 되고, 0 ÷ 0 = 2도 되고, 0 ÷ 0 = 3도 된다.

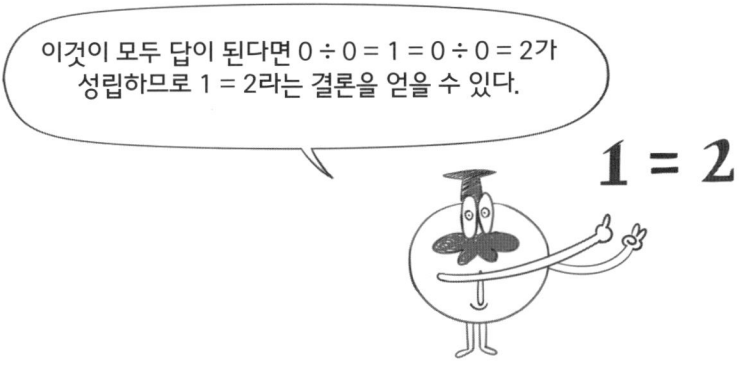

이것이 모두 답이 된다면 0 ÷ 0 = 1 = 0 ÷ 0 = 2가 성립하므로 1 = 2라는 결론을 얻을 수 있다.

1 = 2라면 2 = 3, 이고, 1 = 3, 2 = 4 등이 모두 성립하므로 이 세상의 모든 수는 같다는 결론을 얻을 수 있다.

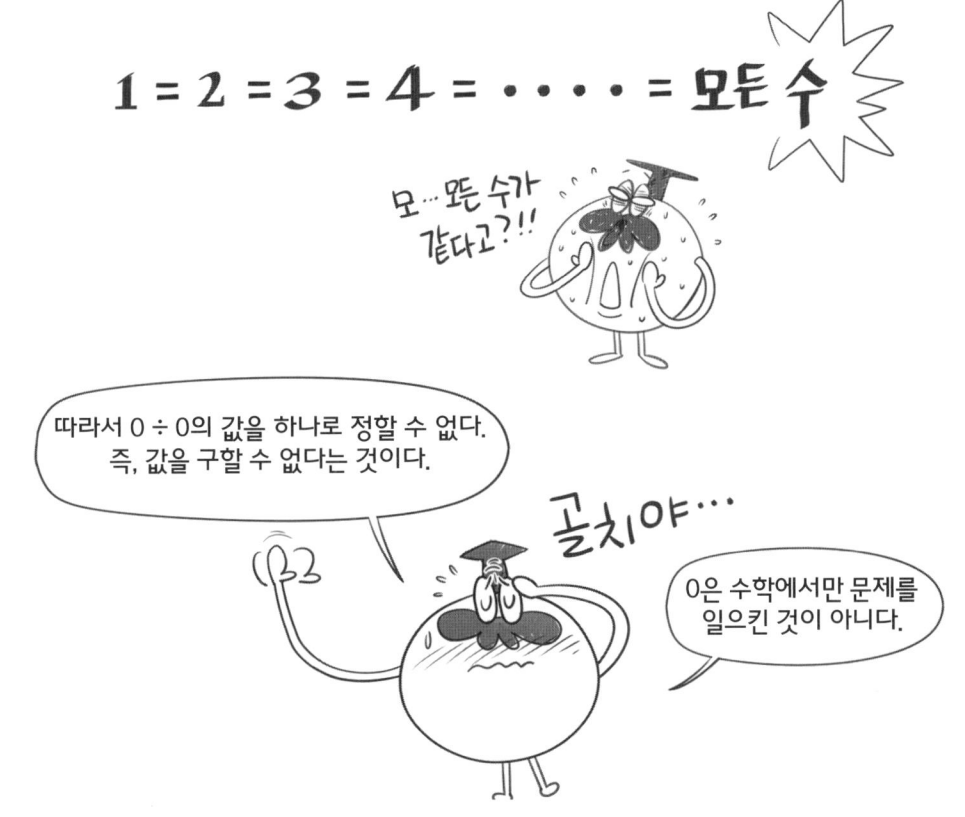

따라서 0 ÷ 0의 값을 하나로 정할 수 없다. 즉, 값을 구할 수 없다는 것이다.

0은 수학에서만 문제를 일으킨 것이 아니다.

0은 인류 전체에 적지 않은 문제점을
안겨주었는데, 그중 한 가지는 바로 달력이다.

현재 우리가 사용하고 있는 달력인 그레고리력은 1582년에 받아들여졌다.

그런데 1582년까지도 서양에 0이 널리 알려지지 않았었다.

그래서 그레고리력은 기원전 1년에서 기원후 1년 사이에 중간 년도 없이 그냥 건너뛰었다. 즉, 달력에 처음 시작하는 0년이 없다.

달력에서 B.C.는 'Before Christ'의 준말로 '그리스도 이전'을, A.D.는 'Anno domini'의 준말로 '그리스도의 해'라는 뜻이다.

A.D.는 1년을 원년으로 잡았기 때문에 실제로는 그리스도가 태어난 해가 잘못 표기되어 있다.

A.D. 2년에 그리스도가 한 살, A.D. 3년에는 그리스도가 3살이었다.

당시에는 0이 널리 사용되지 않았기 때문에 2세기의 시작인 100년은 A.D. 101년이며, A.D. 2001년은 실제로는 그리스도의 나이가 2000년이 되는 해이다.

한편 1999년에서 2000년으로 넘어가면서 컴퓨터들은 소위 밀레니엄 버그라 불리는 오류를 일으킬 것으로 예측했다.

99가 00으로 되면서 컴퓨터들이 2000년을 1900년으로 잘못 인식했기 때문이다.

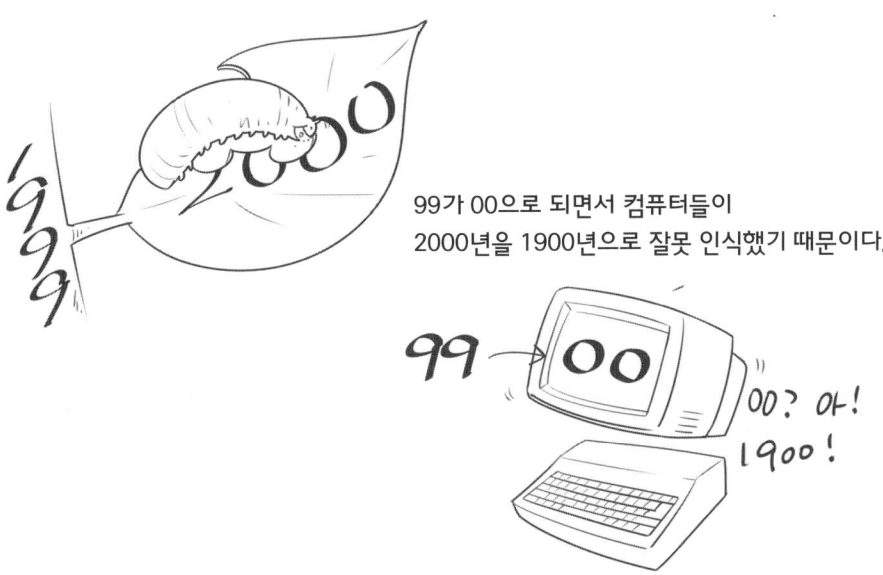

그래서 이 오류를 수정하기 위해 많은 돈을 들여 소프트웨어를 업데이트할 수 있도록 조치했다. 하지만 밀레니엄 버그는 발생하지 않았으며 프로그래머들만 돈을 벌었다.

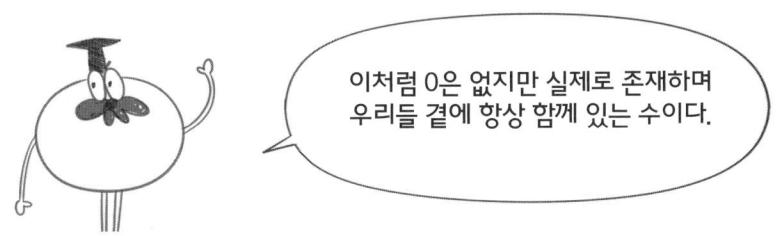

이처럼 0은 없지만 실제로 존재하며 우리들 곁에 항상 함께 있는 수이다.

PART 03

수 1과 원

3. 수 1과 원

14세기에 교황 베네딕투스 12세는 바티칸에서 일할 화가를 뽑기 위하여 각자 자신만의 작품을 제출하라고 했다. 당시 디자인과 구성의 대가로 알려진 피렌체의 조토(Giotto, 1266-1337)는 커다란 도화지 위에 달랑 원 하나만 그려냈다. 그랬는데, 조토는 바티칸의 화가로 선발되었다. 그가 그린 원을 '조토의 원'이라고 하는데, 단순히 원 하나만 그려냈는데, 바티칸은 왜 그를 선발했을까?

고대 수 철학자들에게 원은 1을 상징했다.

원으로 표현되는 1의 원리를 그리스어로 '모나드(monad)'라고 한다.

그 어원은 '안전하다'는 뜻의 menein과 '단일성(oneness)'이라는 뜻의 monas이다.

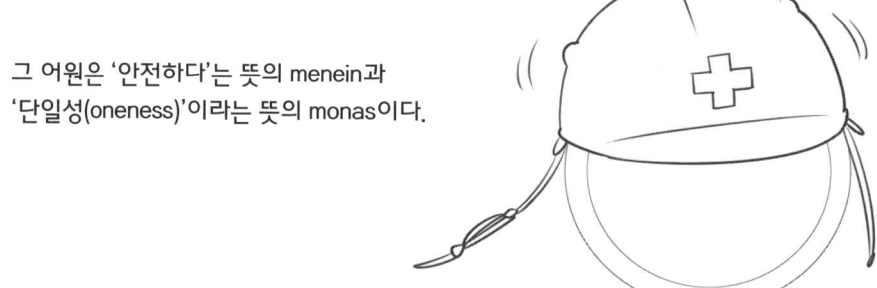

고대 수 철학자들은 모나드가
그 다음에 이어지는 모든 수들을
만들어낸다고 생각했다.

1 × 1 = 1
11 × 11 = 121
111 × 111 = 12321
1111 × 1111 = 1234321
11111 × 11111 = 123454321
111111 × 111111 = 12345654321
1111111 × 1111111 = 1234567654321
11111111 × 11111111 = 123456787654321
111111111 × 111111111 = 12345678987654321

그래서 1을 하나의 수로 간주하지 않고 모든 수의 부모로 생각했다.

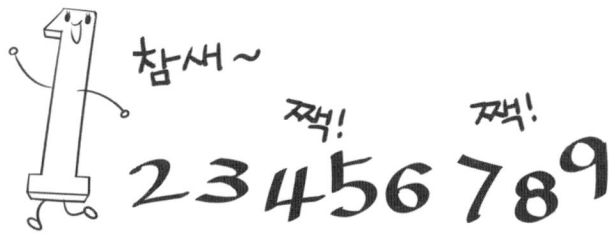

1은 모든 것에 존재하지만 분명하게
들어나지 않을 뿐이라고 생각했다.

수 철학자들은 모나드와 모든 수의 관계를 연산을 통하여 설명했다.

어떤 수에 1을 곱하면 항상 그 수 자신이 된다.

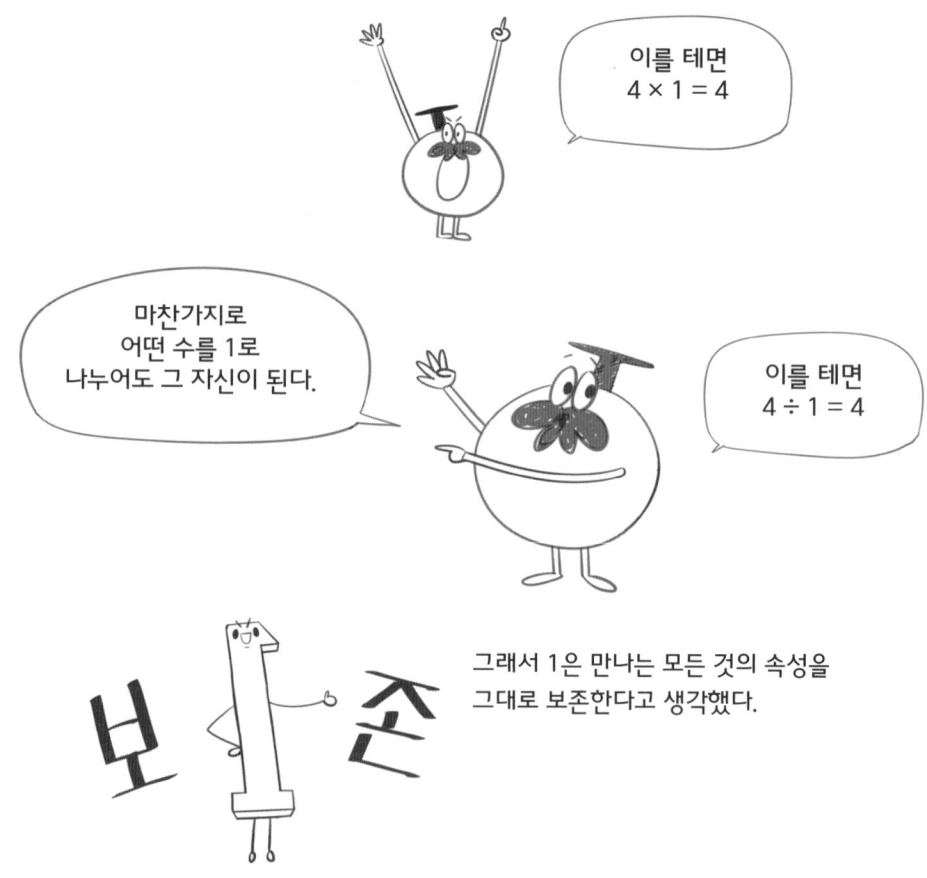

결국 수 철학자들은 1을 한 개의 원으로 표현했다. 원은 단순한 곡선 이상의 존재이다. 원은 자연을 나타내는 여러 가지 표현 중에서 가장 경이로운 최초의 문자이다. 왜냐하면 모든 원은 모양이 똑같고 단지 크기만 다를 뿐이기 때문이다. 그 결과로 등장하는 특별한 수가 바로 원주율 $\pi = 3 \cdot 1415926 \cdots$이다. 원주율은 원의 지름에 대한 원의 둘레의 비율로 모든 원은 항상 같은 비율 π를 갖는다.

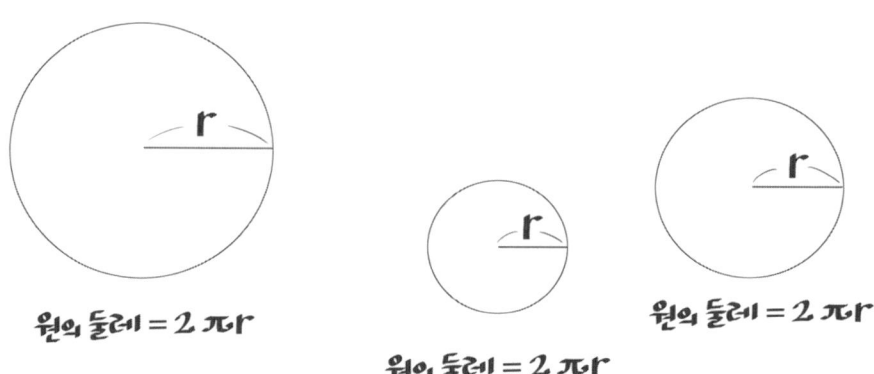

사실 원주율 $\pi = 3.1415926\cdots$는 끝이 없는 무한 소수이다.
$\pi = 3.14159265358979323846264338327950288419716939937510582097494459230078164\ldots$

π와 같이 소수점 아래의 숫자들이 순환하지 않으며
무한히 계속되는 소수를 무리수라고 한다.

$0.10100100010000100000001\cdots$
$\sqrt{2} = 1.41421356\cdots$

무리수

반면에 소수점 아래의 숫자들이 같은 수가 반복되어
순환하거나 유한인 수를 유리수라고 한다.

$\frac{1}{2} = 0.5 \qquad 0.3 \qquad 1\frac{5}{7} \qquad 0.\dot{2}34\dot{5} = 0.23452345\cdots$

유리수

그리고 모든 유리수는 정수 p, q에
대하여 분모가 0이 아닌 기약분수
$\frac{p}{q}$로 나타낼 수 있다.

원에는 특별한
성질이 있다.

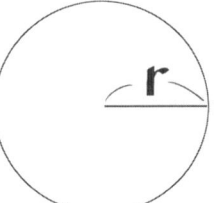

즉, 반지름의 길이가 유리수인 경우라면
그 원의 둘레의 길이는 무리수이다.

원의 둘레 $= 2\pi r$

이를테면, 반지름의 길이 r이 유리수라면 $r = \dfrac{p}{q}$로 나타낼 수 있고, 원의 둘레는 $2\pi r$이므로 $2\pi r = \dfrac{2p}{q} \times \pi$이다. 그런데 π가 무리수이므로 $\dfrac{2p}{q} \times \pi$는 (유리수) × (무리수)의 꼴이다.

따라서 유리수에 무리수를 곱하면 무리수가 되므로 이 원의 둘레는 무리수이다. 그래서 원은 하나의 몸속에 유리수와 무리수 결국 유한과 무한을 모두 지니고 있는 최초의 도형이다.

그리고 원은 우리가 알아채든 그렇지 않든, 항상 우리 주변과 우리 안에 존재한다. 우리의 몸통과 나무의 줄기는 원기둥 모양이고, 과일은 대부분이 동그랗게 생겼다. 동그랗지 않은 과일조차도 둥근 원기둥 모양을 하고 있다. 또 우리 몸의 혈관은 모두 원통 모양이고, 적혈구와 같은 세포도 둥근 모양을 하고 있다. 각종 탈 것의 바퀴와 운전대 등 원은 우리 주변 곳곳에서 발견할 수 있다.
심지어 마음이 너그럽고 성격이 좋은 사람을 원에 빗대어 '원만(圓滿)하다'고 한다. 이때 '원만'은 원처럼 둥글둥글하고 꽉 찼다는 의미이다.

원은 이상적으로 완전하고 신성한 상태를 나타내는
우주를 상징한다. 그래서 여러 종교에서는 신성한 상태를
나타내는 '하늘', '천국', '영원', '깨달음' 등의 상징으로
원을 사용해왔다. 조토가 그린 원은 바로 이런
우주적인 이상을 표현했던 것이다.

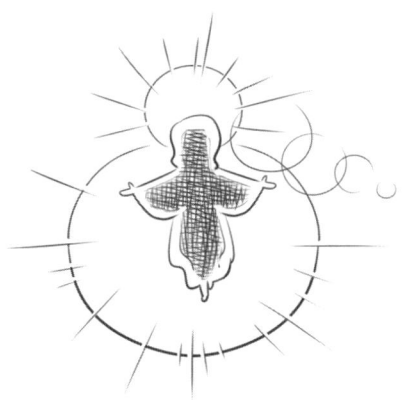

그리스 최고의 철학자인 아리스토텔레스는 원에 대하여 다음과 같이 말했다.
"원, 이것만큼 신성한 것에 어울리는 형태는 없다. 그러기에 신은 태양이나 달,
그 밖의 별들, 그리고 우주 전체를 원 모양으로 만들었고, 태양과 달 그리고
모든 별들이 원을 그리면서 지구 둘레를 돌도록 하였던 것이다."
우주가 지구를 중심으로 돌고 있다는 아리스토텔레스의 천동설이 옳지 않다는
것은 이미 판명되었고, 별들이 원을 그리면서 도는 것도 아니다. 하지만 그는
원을 신과 우주에 비유하며 원의 완벽함을 찬양했다.

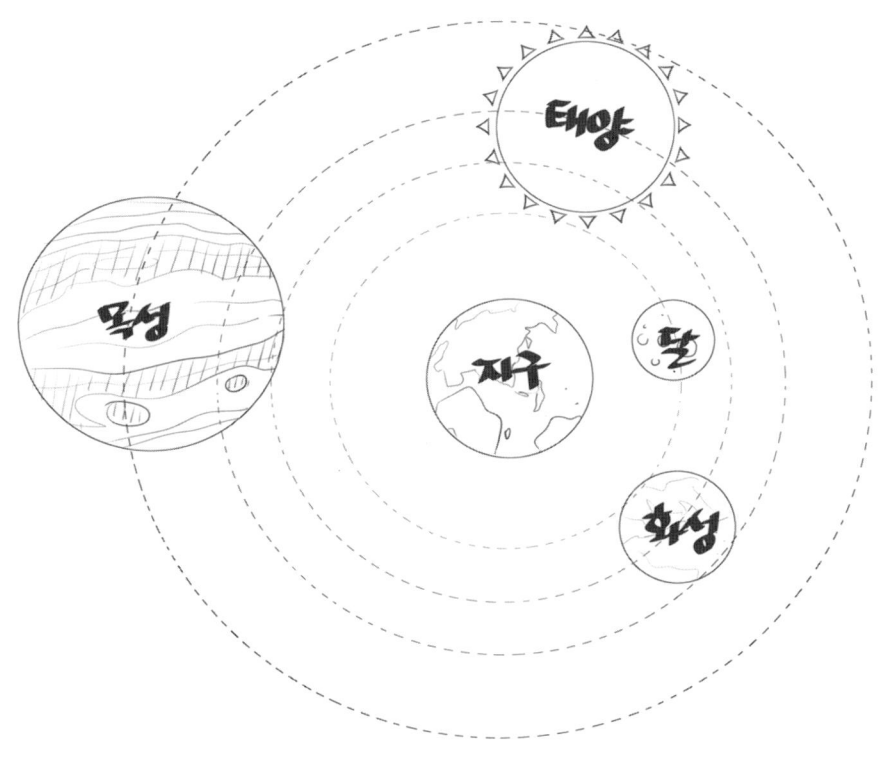

고대 그리스의 수학자인 피타고라스도
아리스토텔레스처럼 원을 신성하게 여겼다.

피타고라스는 1을 '존재'라는 뜻의 '우시아(Ousia)'라고
불렀고, 우주에서 영속성의 원천이고 모든 것의 기원이라고
생각했다.

왜냐하면 1은 하나의 점으로 표현되며,

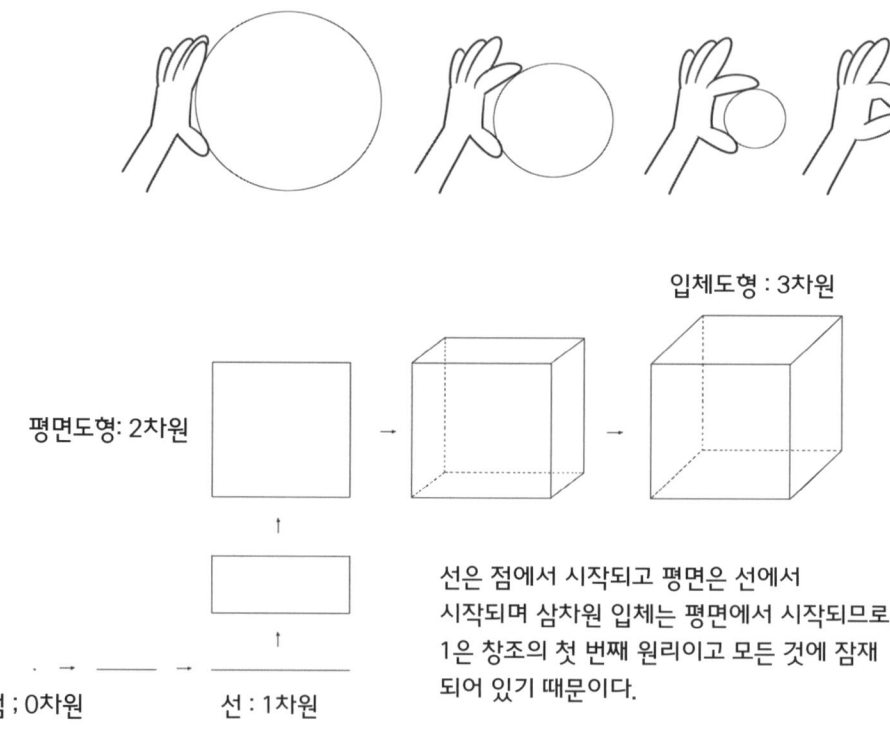

선은 점에서 시작되고 평면은 선에서
시작되며 삼차원 입체는 평면에서 시작되므로,
1은 창조의 첫 번째 원리이고 모든 것에 잠재
되어 있기 때문이다.

수 철학자들은 1을 하나의 수로 생각하지 않고
모든 수의 부모로 간주하며, 3가지 원리가 있다고 했다.

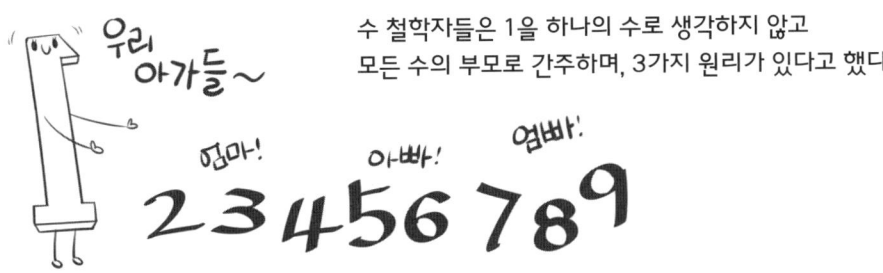

1의 첫 번째 원리는 빛과 공간과 시간과 힘이 모든 방향으로 고르게 펼쳐 나가는 것이다. 이는 우주의 창조과정을 기하학적으로 은유하여 표현한 것이다. 원이 균일하게 팽창해나가는 힘은 서로 다른 물질을 통해서도 작용한다. 물이 담겨 있는 둥근 그릇을 두드리면 완전한 동심원들이 나타나 중심으로 모여들었다가 중심을 지나 다시 바깥쪽으로 퍼져나간다. 자연은 물결, 물이 떨어지며 튀기는 모양, 거품, 꽃, 폭발하는 별 등에서 동심원으로 균일하게 팽창해 나간다. 이것이 바로 모나드의 첫 번째 원리이다.

1의 두 번째 원리는 원의 회전운동으로 표현된다.

원의 회전에 대하여 영국의 법학자이자 시인인 존 데이비스 (John Davies, 1569-1626)의 재미있는 설명이 있다.
그는 지구가 돌고 있는 것에 대하여 짧지만 재치 있는 시를 썼다.

세계(world)를 보라.
어떻게 빙빙 돌고 있는지를(whirled around).
그렇게 빙빙 돌고(whirl'd) 있기 때문에
그런 이름(world)이 붙었지.

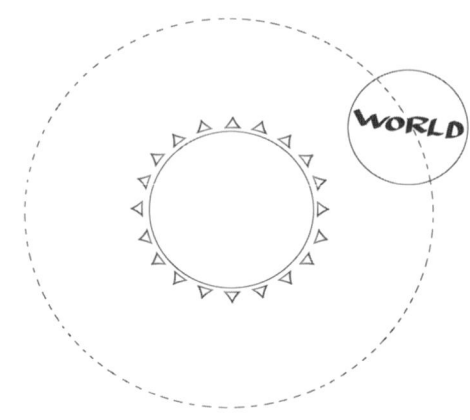

정지해 있는 원의 중심과는 달리 원주는 운동을 나타낸다.

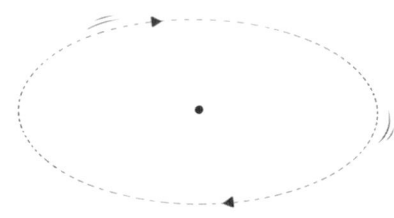

컴퍼스로 원을 그릴 때를 생각해 보면
쉽게 이해할 수 있다.

컴퍼스의 바늘을 중심에 두고
컴퍼스를 돌려 원을 그리는데,
이 원리가 우주를 기하학적으로
그리는데 활용되었다는 것이 모나드의
두 번째 원리인 것이다.

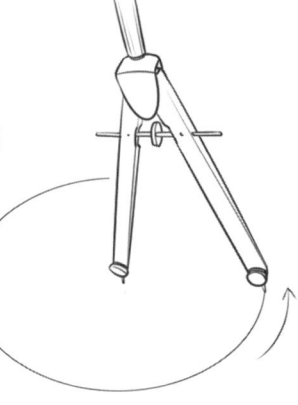

원의 회전은 자연에서의 일반적인 주기와 순환, 궤도, 규칙성, 진동, 리듬 등을 나타낸다.

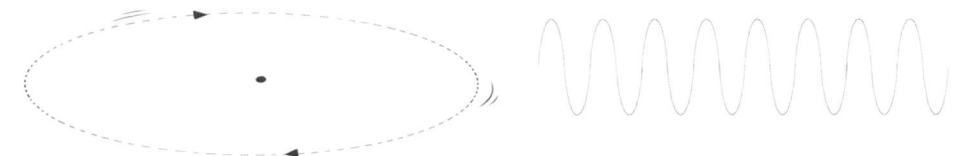

바퀴에 점을 하나 찍고 회전시키면 점은 올라갔다 내려갔다 한다.

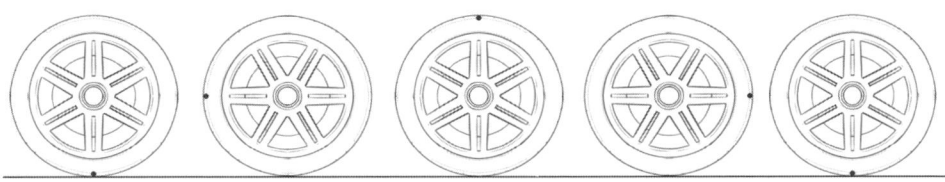

회전하면 오르락내리락하는 점은 감정의 주기나 계절의 변화, 밤과 낮, 문화의 흥망성쇠 등과 같다.

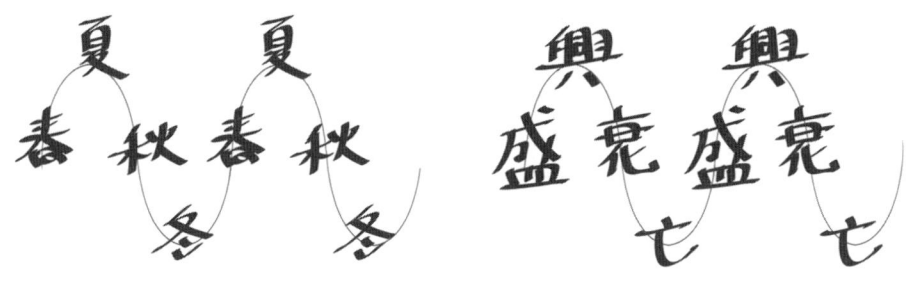

마지막 세 번째 원리는 원의 내부의 넓이와 관련 있는 최대의 효율성에 있다.
원은 단순한 곡선이 아니다. 원의 중심은 점이고, 0차원의 점은 위치만 있지 크기나 두께 또는 넓이를 갖지 않는다.

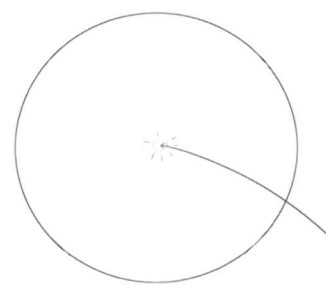

즉 원의 중심은 '없음(무, empty)'을 표현한다.

그러나 원의 둘레 위에는 무한히 많은 점이 있기 때문에 원은 '없음'과 '무한'을 동시에 갖고 있다.

한 가지 더. 원점과 원의 둘레 사이에 공간이 있다.

원의 둘레와 같은 길이로 만들 수 있는 여러 도형 중에서 이 공간의 넓이가 가장 넓다. 즉, 인간이 고안한 모든 모양 중에서 최소의 길이로 최대의 공간을 확보할 수 있는 것이 원이다. 예를 들어 길이가 12㎝인 끈으로 정다각형을 만든다고 할 때, 어느 것의 넓이가 가장 넓은 지 알아보자. 먼저 정삼각형, 정사각형, 정육각형의 한 변의 길이는 다음 그림과 같이 각각 4㎝, 3㎝, 2㎝이다. 이때, 한 변의 길이가 4㎝인 정삼각형의 넓이는 약 6.928㎠이고, 한 변의 길이가 3㎝인 정사각형의 넓이는 9㎠, 한 변의 길이가 2㎝인 정육각형의 넓이는 약 10.392㎠이다.

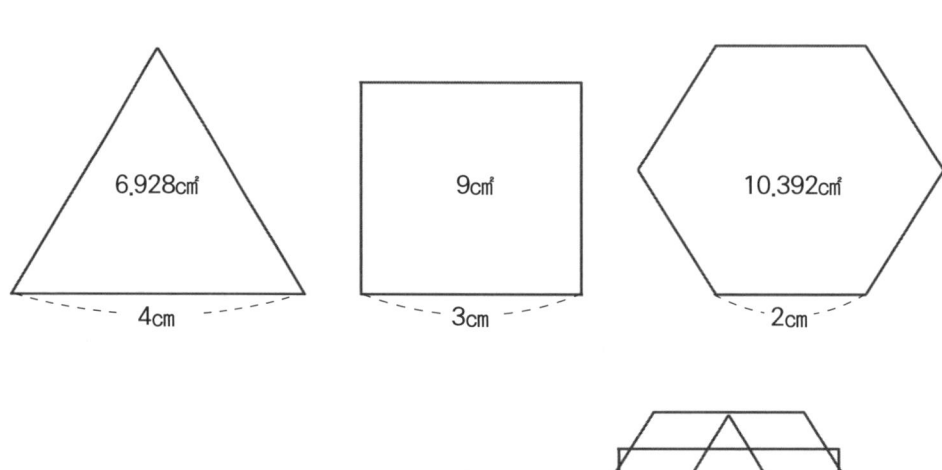

결국 일정한 길이로 가장 넓은 영역을 만들 수 있는 모양으로는 정육각형이 가장 적당하다.
즉 원에 가까운 모양일수록 더 넓어진다.

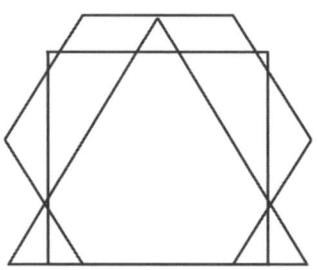

또 원주율을 $\pi = 3$이라고 하고 반지름을 r이라 하면 원의 둘레가 12cm이므로 $2\pi r = 12$, $6r = 12$이다. 따라서 이 원의 반지름은 $r = 2$이고, 원의 넓이는 $\pi r^2 = 3 \times 2^2 = 3 \times 4 = 12$이다.

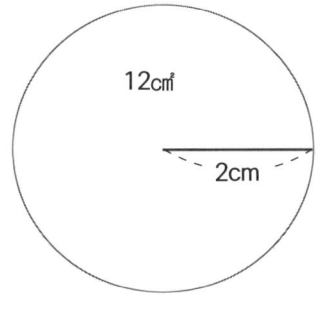

결국 같은 길이의 둘레를 갖는 도형 중에서 원의 넓이가 가장 넓음을 알 수 있다.

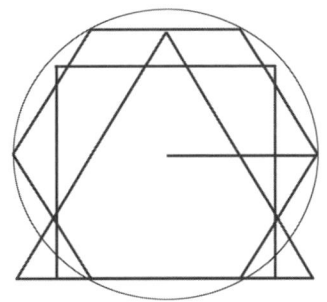

이와 관련된 흥미로운 옛날이야기가 있다. 지금부터 2,800년 전 고대 소아시아의 페니키아의 폭군 피그말리온은 여동생 디도여왕을 죽이려 했다. 그래서 여왕은 국외로 망명하여 북아프리카의 카르타고에 정착하게 되었다. 그래서 그곳의 주민들은 디도여왕에게 쇠가죽을 주며 그것으로 둘러쌀 수 있는 넓이의 땅만큼만 그녀에게 팔겠다고 했다.

곰곰이 생각에 잠겼던 디도여왕은 쇠가죽을 가늘게 잘라 길게 엮어서 끈을 만든 다음, 이 끈으로 자기가 살 땅의 경계를 두르기 시작했다. 모든 사람들은 여왕이 정사각형 모양으로 땅을 정할 것이라고 생각했다. 하지만 여왕이 만든 경계는 원 모양이었다. 총명한 디도여왕은 일정한 길이의 곡선으로 가장 넓은 넓이를 만들 수 있는 도형은 원이라는 것을 알고 있었다.

그 이후로 일정한 길이로 최대의 넓이를 갖는 도형에 관한 문제를 '디도의 문제'라고 한다. 당연한 것 같은 '디도의 문제'를 수학적으로 증명한 것은 스위스의 수학자 스타이너 (Jacob Steiner, 1796 ~ 1863)였다.

앞에서 이미 우리 주변에서 원을 이용하는 여러 가지 경우의 예를 들었었다.
여기서는 '디도의 문제'에서와 같은 원리에 따라 생활주변에는 원 모양으로 만들어진 물건들에 대하여 간단히 알아보자.

둥근 방패 : 옛날 병사들의 방패를 둥근 모양으로 만든 것은 병사에게 최소의 재료와 무게로 최대한 몸을 보호할 수 있도록 하기 위한 것이었다.

맨홀 뚜껑 : 반지름이 다르다면 원은 자신과 똑같은 모양의 구멍에 빠지지 않는 유일한 모양이기 때문에 길에서 흔히 볼 수 있는 맨홀 뚜껑은 원 모양이 많다.
예를 들어 사각형으로 맨홀 뚜껑을 만든다면 대각선 방향이 변보다 길기 때문에 뚜껑은 구멍 속으로 빠질 수 있다.
하지만 원의 지름은 어느 방향이나 똑같이 때문에 길이가 다르다면 빠지지 않는다.

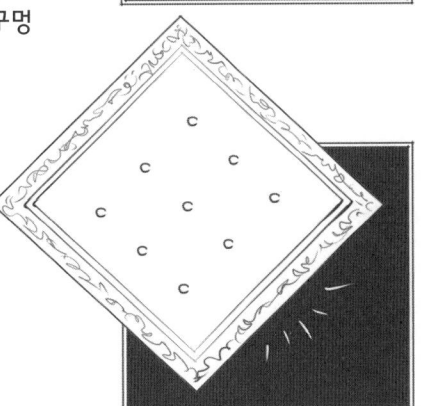

뚜껑의 사각형의 한 변의 길이보다 구멍의 변의 길이가 더 작지만 대각선으로 넣으면 변의 길이가 긴 사각형이 작은 사각형으로 빠질 수 있다.

접시 : 둥근 접시는 다른 모양의 접시보다 더 많은 음식을 담을 수 있다.

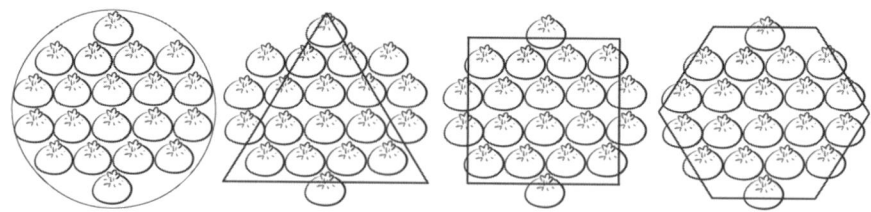

피자 : 최소한의 반죽을 사용해 최대의 공간을 채우므로 여러 가지 토핑을 얻을 수 있다.

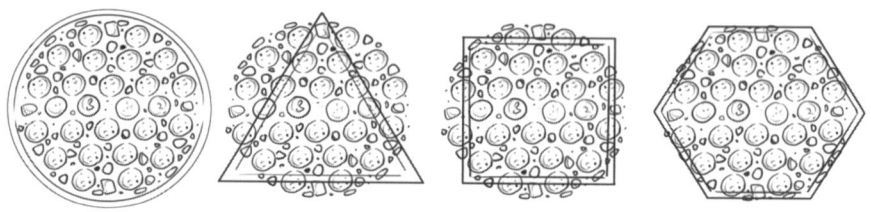

깡통 : 똑같은 양의 재료를 사용하여 입체도형 모양의 용기를 만들 때, 원기둥 모양의 용기는 재료를 가장 적게 사용하며 가장 많은 물질을 담을 수 있다.

원은 서양뿐만 아니라 동양에서도 매우 중요한 도형이었다.

원의 중심은 이집트와 중국 그리고 마야 문명에서 '빛'을 상징하기도 했다.

이처럼 점이나 원으로 표현되는 수 1은 우주를 기하학적으로 작도하는 기초가 되었다.

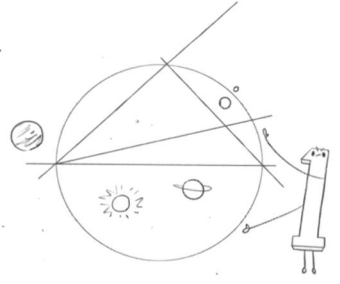

즉 수 1은 모든 정수의 기초가 되고 세상 모든 것에 스며들어 있어서 세상의 물체와 사건의 기초를 이루고 있다고 생각했다.

특히 동양에서 수 1은 양(陽), 남성, 하늘, 길(吉)을 뜻한다.

1로부터 변화된 첫 번째 창조의 과정은 수 2를 만든다.

2에 관해서는 다음 장에서 알아보자.

PART 04

수 2와 소수

4. 수 2와 소수

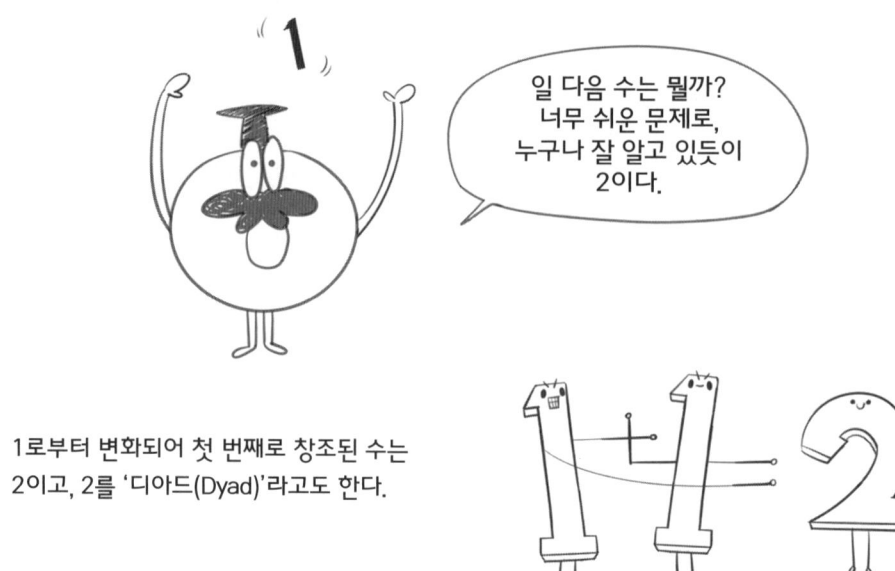

1로부터 변화되어 첫 번째로 창조된 수는 2이고, 2를 '디아드(Dyad)'라고도 한다.

디아드는 하나의 원이 나누어져 두 개의 원을 이루는 이원성을 갖는다.

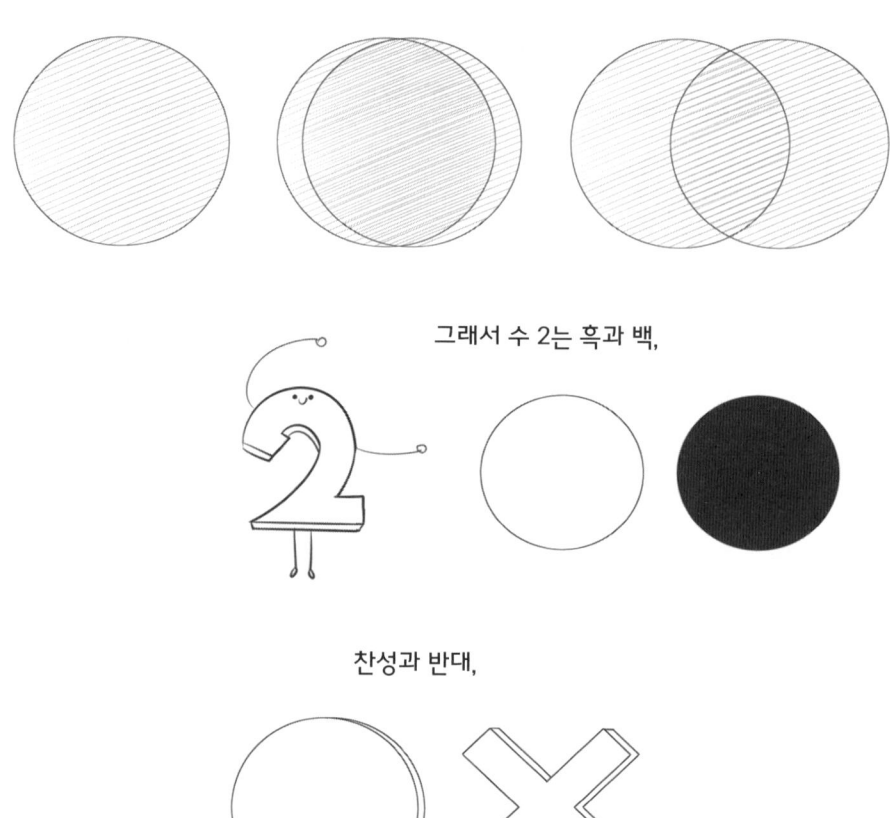

그래서 수 2는 흑과 백,

찬성과 반대,

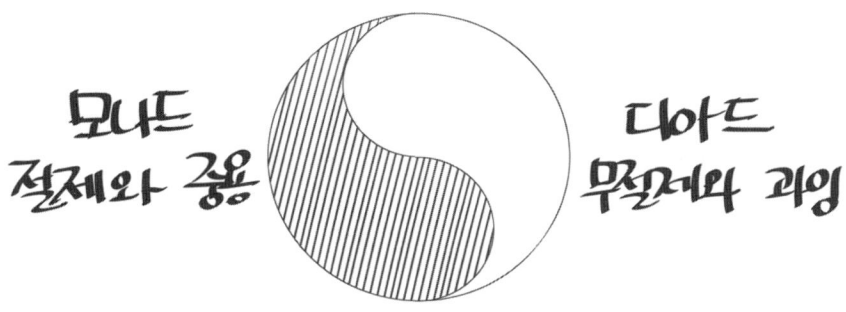

음과 양 등과 같은 분열, 반대, 불평등, 그리고 변하기 쉬운 성질 등을 나타낸다.
모나드가 절제와 중용을 표현하는 반면 디아드는 무절제와 과잉을 표현하고, 부족과 무한과 불확정성을 포함하고 있다.

그러나 고대의 수학자들은 2는 반대개념의 원천인 동시에 1과 함께 다른 모든 수들의 부모라고 생각했다.

그래서 고대 수학자들은 1과 2를 수가 아닌 특별한
존재로 여겼다. 왜냐하면 1은 점으로 표현되고,
2는 점 2개가 만든 직선으로 표현되기 때문이고,

점과 직선은 손으로 직접 만질 수 없다는 이유에서이다.

더욱이 1개 또는 2개의 점이나 선으로는
어떤 실제적인 도형이나 모양을 만들 수
없기 때문이다.

하지만 잘 알고 있는 세상의 기하학적 도형들은 모두 점과 선에서 시작한다.

점과 선으로 그릴 수 있는
원 두개로 표현되는 2는
아주 독특한 성질을 가지고 있다.

고대 수학자들은 수를 서로
더하거나 곱할 때 어떤 성질이
있는지 살펴보았다.

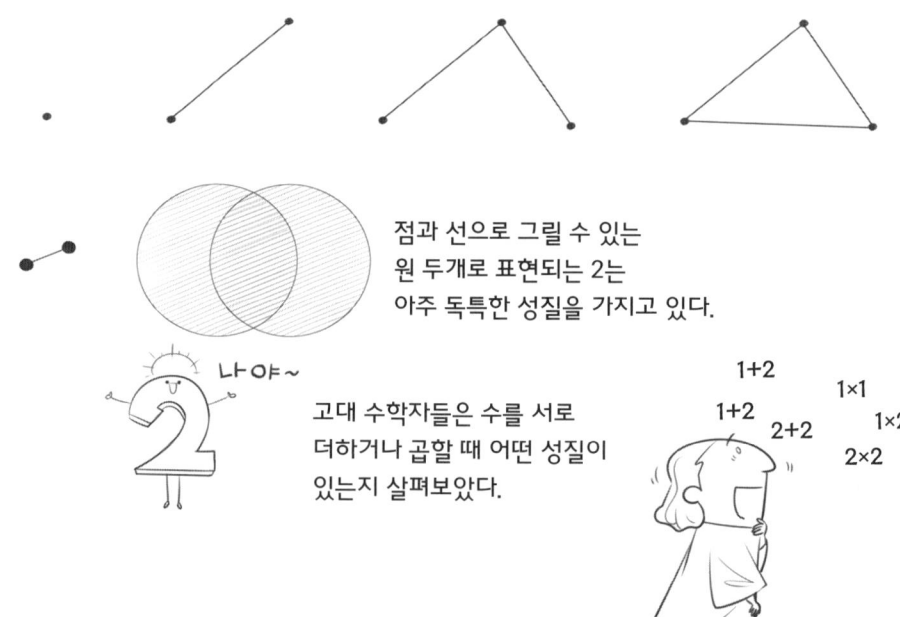

예를 들어 1은 자신과 같은 수를 곱했을 때보다 더했을 때 더 큰 값이 나오는 유일한 수이다.

$$1+1 > 1 \times 1$$
$$2+2 = 2 \times 2$$
$$3+3 < 3 \times 3$$
$$\vdots$$

2는 자신과 같은 수를 더한 것이 자신과 같은 수를 곱한 것과 같은 결과가 나오는 유일한 수이다.

$$1+1 \neq 1 \times 1$$
$$2+2 = 2 \times 2$$
$$3+3 \neq 3 \times 3$$
$$\vdots$$

2는 1과 나머지 모든 수를 연결해주는 입구 역할을 한다.

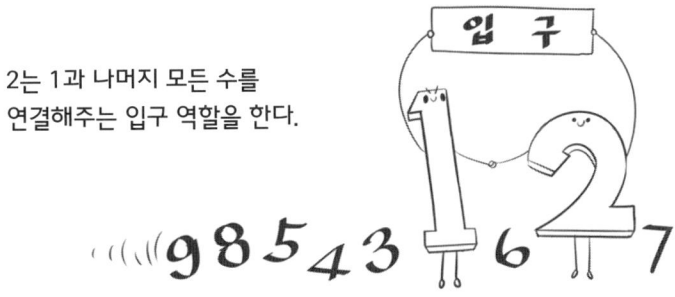

고대 수 철학자들은 두 개의 원을 하나가 여럿이 되고 하나와 여럿이 균형을 이루는 통로로 여겼다. 그래서 2의 상징은 서로 연결된 두 원의 모양을 하고 있다. 두 원 사이에 아몬드 모양으로 서로 겹친 영역은 기하학자, 건축가, 신화 작가들의 관심의 대상이었다. 그 모양을 가톨릭 문화권에서는 '베시카 피시스(vesica piscis)'라고 하는데, 베시카 피시스는 라틴어로 '물고기의 부레'라는 뜻으로 예수를 상징하기도 한다.

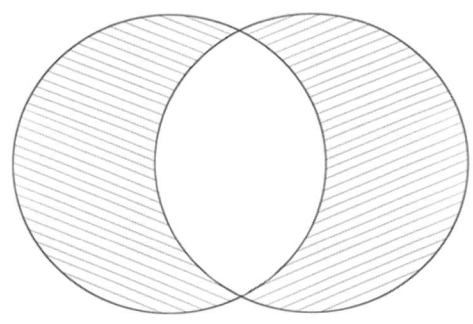

인도에서는 이것을 아몬드라는 뜻의 '만돌라'라고 부르는데, 메소포타미아, 아프리카, 아시아를 비롯해 여러 지역의 초기 문명에 널리 알려져 있었다.

베시카 피시스는 '창조의 입' 또는 '카오스의 자궁'으로 불린다.

이렇게 불리는 이유는 이후에 나오는 수는 모두 이 창조의 입으로부터 나오기 때문이다.

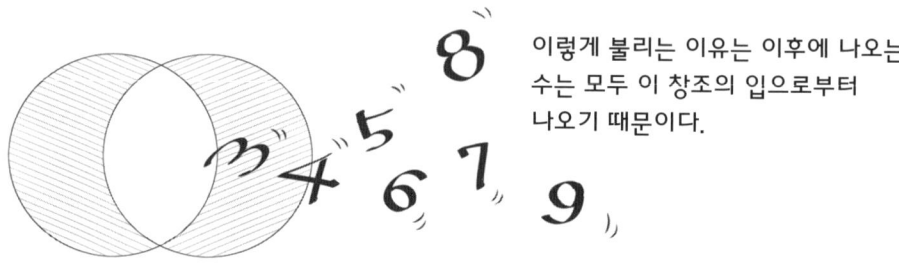

그런데 동양에서 2는 음(陰), 여성, 물(지상), 흉(凶)을 뜻한다.

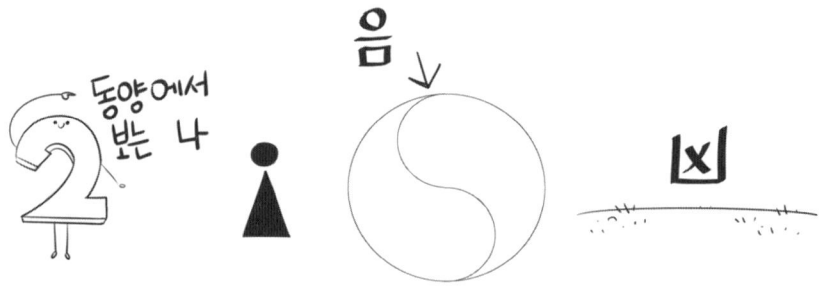

이와 같은 2가 지닌 특성 중에서 가장 중요한 것은 2는 첫 번째 짝수이자 소수(prime number)라는 것이다.

소수는 자기 자신과 1을 제외하고는 약수가 없는 수이다. 1은 약수가 자기 자신뿐이므로 소수에서 제외시키며, 20 이하의 소수는 2, 3, 5, 7, 11, 13, 17, 19이다. 수가 점점 커질수록 소수가 나타나는 경우는 줄어들지만 소수는 신기할 정도로 계속해서 나타난다. 1,000,000 근처의 수에서도 소수는 대략 14개에 한 개꼴로 나타난다. 실제로 100 이하의 소수는 다음과 같다.

2, 3, 5, 7, 11, 13, 17, 19, 23, 29, 31, 37, 41, 43, 47, 53, 59, 61, 67, 71, 73, 79, 83, 89, 97
또 1000 이하의 소수는 168개이며, 10000 이하의 소수는 1229개이다.

고대부터 지금까지 수학자들은 소수에 대해 연구해왔다. 2020년 6월까지 발견된 가장 큰 소수는 $2^{82589933}-1$이고, 이 소수를 쓰면 무려 24,862,048자리이다. 그리스 수학자인 유클리드는 기원전 300년경에 소수가 무한히 많다는 사실을 최초로 증명했지만 소수의 여러 가지 유용성 때문에 지금도 수학자들은 더 큰 소수를 발견하기 위하여 노력하고 있다.
하지만 2000년 이상이 지난 지금도 소수를 구하는 공식은 알려지지 않았다.

$$2^{82589933}-1$$

약간 수고스럽지만 소수를 찾는 가장 쉬운 방법은 '에라토스테네스의 체'이다.

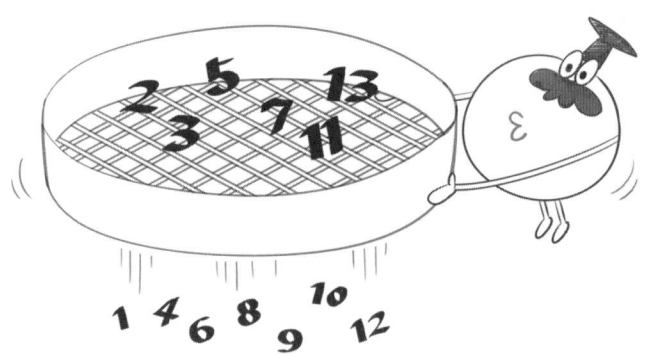

예를 들어 1부터 100까지의 자연수 중에서 소수는 다음과 같은 방법으로 찾아낼 수 있다.
① 1은 소수가 아니므로 지운다.
② 2를 남기고, 2의 배수를 모두 지운다.
③ 남은 수 중에서 가장 작은 수 3을 남기고 3의 배수를 모두 지운다.
④ 남은 수 중에서 가장 작은 수 5를 남기고 5의 배수를 모두 지운다.
⑤ 남은 수 중에서 가장 작은 수 7을 남기고 7의 배수를 모두 지운다.

이런 과정을 계속하면 마침내 체 안에 동그라미 친 수만 남게 되는데, 이것이 바로 소수들이다. 즉, 남은 수 2, 3, 5, 7, 11, 13, 17, 19, 23, 29, 31, 37, 41, 43, 47, 53, 59, 61, 67, 71, 73, 79, 83, 89, 97은 모두 100보다 작은 소수이다.

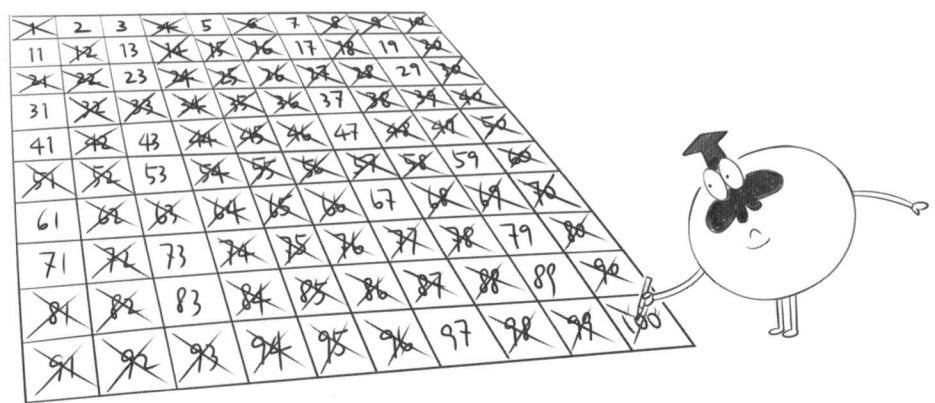

소수는 여러 가지 유용한 성질이 있기 때문에
다양한 분야에서 활용되고 있다.
소수가 이용되는 가장 유명한 분야는 암호이다.

오늘날 가장 널리 사용되고 있는 암호는 공개키 암호다. 공개키 암호란 암호 방식의 한 종류로, 사전에 비밀 키를 나눠 갖지 않은 사용자들이 안전하게 통신할 수 있도록 한 암호다. 공개키 암호 방식에서는 공개키와 비밀 키가 존재하며, 공개키는 누구나 알 수 있지만 그에 대응하는 비밀 키는 키의 소유자만이 알 수 있다. 공개키 암호 중에서 특히 RSA 암호는 1978년 매사추세츠 공과대학(MIT)의 리베스트(R. Rivest), 샤미르(A. Shamir), 아델먼(L. Adelman)이 공동으로 개발했기 때문에 그들 이름의 앞 글자를 따서 RSA라고 이름 붙였다. RSA 암호는 큰 수의 소인수분해에는 많은 시간이 소요되지만 소인수분해의 결과를 알면 원래의 수는 곱셈에 의해 간단히 구할 수 있다는 사실에 바탕을 두고 있다.

일반적으로 전달하려고 하는 문장이나 식을 평문이라고 하고, 평문을 공개키를 이용하여 암호화한 문장을 암호문, 암호문을 원래의 문장으로 바꾸는 것을 '복호(複號)'라고 하는데, 기본적으로 다음과 같은 규칙으로 진행된다.

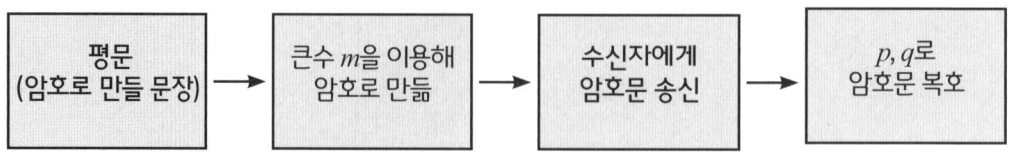

여기서 m은 알려지지 않은 두 소수 p, q의 곱 $m = pq$ 이다. 따라서 암호문을 원래의 평문으로 돌리려면 m을 소인수분해하여 p와 q를 구해야 한다.

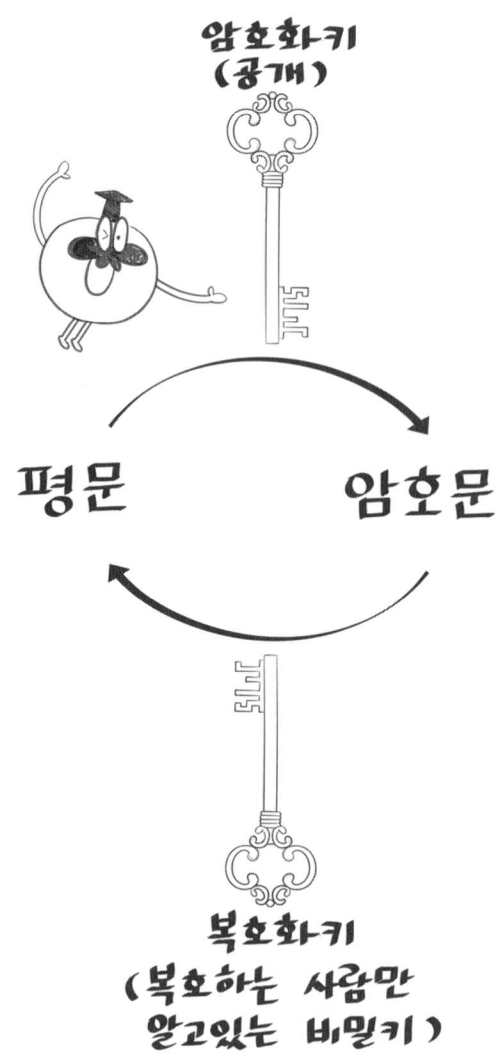

다음 수들은 두 소수를 곱한 것들이다. 과연 어떤 소수들을 곱한 것일까?
① 221
② 1,147
③ 11,021
④ 75,067
⑤ 4,067,351

아마도 ①과 ②는 비교적 빠른 시간 안에 2개의 소수를 찾을 수 있었을 것이다.
221=13×17이고 1147=31×37이므로 ①의 경우 13과 17이고, ②는 31과 37이다.
하지만 ③의 경우 두 소수 103과 107을 찾는 것은 쉽지 않다.
더욱이 ④의 271과 277은 더 어렵고, ⑤의 1,733과 2,347은 아마도 찾기를 포기했을 수도 있다.
이처럼 어떤 수가 두 소수의 곱이라고 할 때 그 두 소수가 무엇인지 찾는 것은 쉽지 않은 문제다.

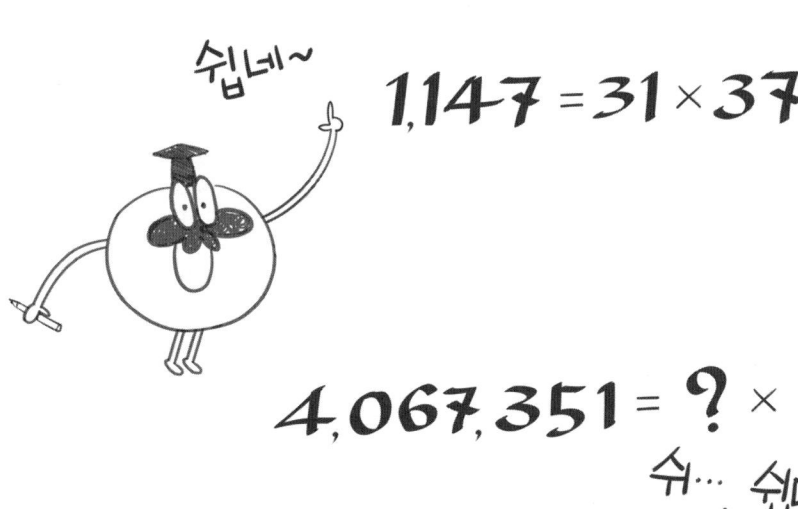

예를 들어 어떤 암호를 만드는 데 두 소수를 곱한 수 4,067,351을 이용했다는 사실을 공개했다고 가정하자. 암호를 복호하기 위해서는 이 수가 어떤 소수들의 곱으로 되어 있는지 알아야 한다. 그런데 두 소수 1,733과 2,347을 주고 이들의 곱을 계산하라는 문제는 아주 쉽지만, 거꾸로 4,067,351이 어떤 소수들의 곱으로 되어 있는지를 찾는 소인수분해 문제는 매우 어렵다.
RSA 암호는 바로 이와 같은 원리를 이용한 것이다. 이런 원리는 마치 들어가기는 쉽지만 나오기는 어려운 덫에 설치된 문과 같기 때문에 '덫문'이라고도 한다.

RSA 암호가 처음 소개되었을 때, 예로 들었던 두 소수의 곱은 다음과 같다.

$m =$ 1438162575788886766923577997614661201021829
6721242362562561842935706935245733897830597123563958705058989075147599290026879543541

당시 알려진 정수의 인수분해 알고리즘을 이용하여 위의 m을 두 소수의 곱으로 인수분해 하는 데는 약 40,000,000,000,000,000년이 걸릴 것으로 예상했다.
그러다가 약 18년 뒤인 1994년에 인수분해 알고리즘이 개량되어 $m = pq$인 두 소수 p, q가 각각 다음과 같다는 것을 알아냈다.
p = 3490529510847650949147849619903898133417764638493387843990820577
q = 32769132993266709549961988190834461413177642967992942539798288533

RSA 암호체계의 안전성은 정수의 인수분해 문제가 어렵다는 사실에 근거를 두고 있다.

200자리의 수를 인수분해하는 데는 상당한 시간이 걸릴 것으로 예상되므로, 서로 다른 두 소수 p, q를 보통 100자리 정도의 소수로 택한다.

공개키 암호체계는 오늘날 은행 저금통장의 비밀번호에서부터 인터넷에서 사용되는 ID와 암호 등에 이르기까지 다양하게 이용되고 있다.

수
3과
한글

PART 05

5. 수 3과 한글

고대 수 철학자들에게 3부터가 진짜 수였다.

모나드와 디아드로 불리는 1과 2가 베시카 피시스와 결합하면, 자연계의 여러 가지 형태와 기하학적인 모양과 패턴을 만들어낸다.

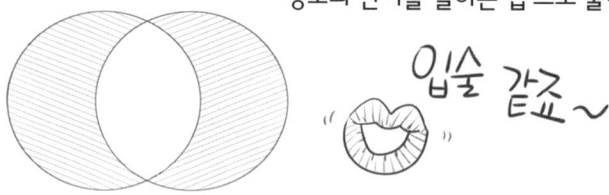

그래서 베시카 피시스는 '카오스의 자궁', '밤의 여신의 자궁', '창조의 단어를 말하는 입'으로 불리기도 했다.

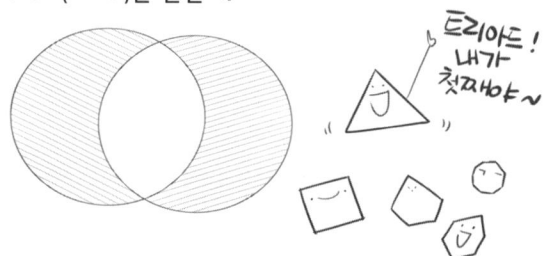

이런 디아드를 통과하면 이제 균형과 구조의 원리를 전하는 '트라이드(Triad)'를 만난다.

피타고라스학파들은 1과 2를 수들의 '부모'로 여겼기 때문에 그 사이에서 처음으로 태어난 3은 최초의 수이자 가장 오래된 수이다. 트라이드는 정삼각형으로 표현되며, 정삼각형은 베시카 피시스의 문을 통해 출현하는 최초의 모양으로 다자 중 첫 번째 것이다.

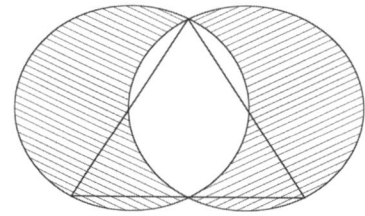

 1과 2를 부모로 하여 태어난 최초의 수로 트리아드인 3은 자기보다 작은 수를 모두 더한 것과 같은 유일한 수이다.

또 자기보다 작은 모든 수들을 합한 값이 자기보다 작은 모든 수들을 곱한 값과 같은 유일한 수이기도 하다.

그래서 트리아드는 완전성으로 표현되고, 전체이고 완벽한 모든 것의 원리이며 시작과 중간과 끝을 갖는 모든 일을 가능하게 한다.

이러한 트리아드에 대하여 고대 수 철학자인 이암블리코스는 다음과 같이 말했다.

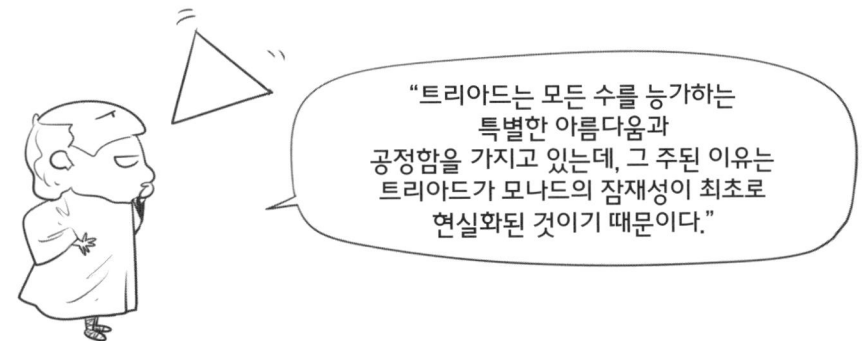

"트리아드는 모든 수를 능가하는 특별한 아름다움과 공정함을 가지고 있는데, 그 주된 이유는 트리아드가 모나드의 잠재성이 최초로 현실화된 것이기 때문이다."

트리아드는 과거, 현재, 미래를 이끌어 내기 때문에 지혜와 예언을 구체화한다.

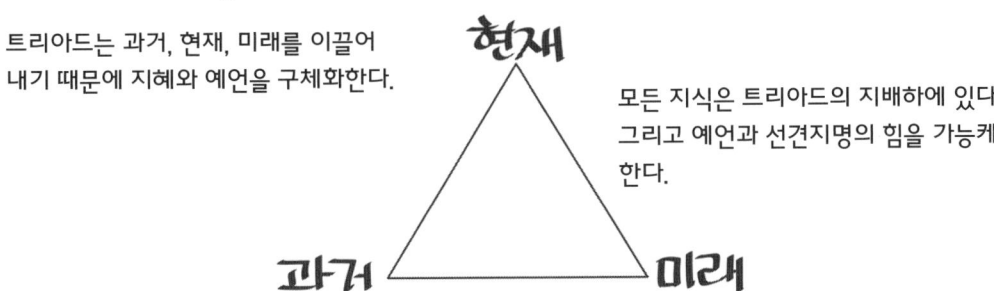

모든 지식은 트리아드의 지배하에 있다. 그리고 예언과 선견지명의 힘을 가능케 한다.

그리스 신화에 나오는 예언의 신인 아폴론의 상징은 델포이의 무녀가 그 위에 앉아 신탁을 전하던 다리가 셋인 청동 제단이었다.

피타고라스학파들은 아폴론에게 세 잔의 술을 바쳤다.

우리나라에서도 제사를 지낼 때 초헌, 아헌, 삼헌이라고 하여 세 번의 잔을 올린다.

무한개의 점으로 이루어진 평면이 이처럼 단 3개의 점으로 결정된다는 사실로부터 나온 것인지는 분명하지 않지만, 인간의 사상이며 종교를 3으로 표현하는 경우가 많다.

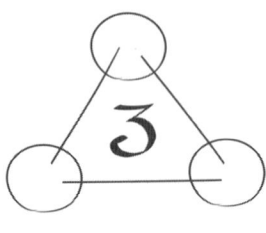

신, 천사, 인간을 하나로 묶고, 아버지와 아들과 성령을 하나로 보는 삼위일체의 기독교 사상

하늘, 땅, 인간의 삼위일체 즉 천, 지, 인의 관념을 가지고 있는 동양의 사상도 모두 3을 기본으로 하고 있다.

우리나라에서도 3은 성스러운 수로 여겼다. 이를테면 고구려를 나타내는 새는 다리가 3개이다.

또 우리가 사용하고 있는 어떤 휴대전화의 경우 3가지 종류 만 사용하여 전체 모음을 나타낼 수 있도록 하고 있다.

특히 우리의 글인 한글의 모음은 3을 기본으로 탄생했다.

훈민정음은 의외로 간단한 기호를 사용하여 세상의 모든 소리를 표현할 수 있도록 고안되었다.

그 기본적인 생각은 '하늘은 둥글고 땅은 네모다.'는 천원지방(天圓地方) 사상이다.

훈민정음의 자음은 천지인(天地人)을 상징하는 원(圓, ○), 방(方, □), 각(角, △)의 3가지 기본 재료의 모습과 발음기관인 혀의 모습을 따랐다.

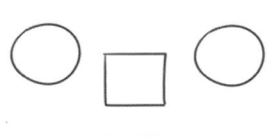

모음은 '홀소리'라고도 한다. 홀소리란 목구멍에서 숨이 나올 때 입안 어디에도 닿지 않고 혼자서 나는 소리라는 뜻이다.

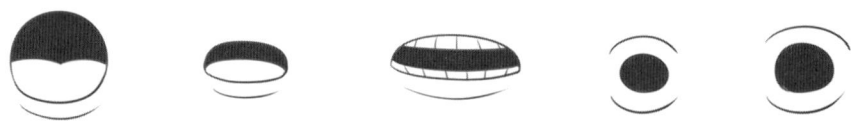

모음의 기본자 역시 자음의 기본자처럼 모양을 본떠서 만들기는 하였으나, 발음 기관의 모양을 본뜬 것이 아니라 '하늘, 땅, 사람' 삼재(三才)의 모양을 본뜬 것이다.

모음의 기본이 되는 3개의 기호인 ·, ㅡ, ㅣ도 각각 원방각을 축소시킨 모습인데, ○은 ·으로, ㅁ은 ㅡ로, △는 ㅣ로 축소된 모양이다. 모음은 소리를 낼 때 혀의 모양이 각각 다르고 그 느낌도 서로 다르다. '·'는 혀가 오그라들고 소리가 깊으며, 'ㅡ'는 혀가 조금 오그라들고 소리가 깊지도 얕지도 않으며, 'ㅣ'는 혀가 오그라들지 않고 소리는 얕다고 한다.

모음의 첫 번째인 ㅏ는 사람의 동쪽에 태양이 있는 모습인 'ㅣ·'으로 양(陽)모음이고, ㅓ는 사람의 서쪽에 태양이 있는 모습인 '·ㅣ'으로 음(陰)모음이다. 또 ㅗ는 땅 위에 태양이 있는 모습인 '·ㅡ'으로 양모음이고, ㅜ는 땅 아래에 태양이 있는 모습인 'ㅡ·'으로 음모음이다. 또 ·을 두 번씩 합치면 ㅑ ㅕ ㅛ ㅠ이 만들어져서 모음은 모두 11자가 된다. 이러한 모음자는 하늘(양성)과 땅(음성)의 음양 사상과 여기에 사람(중성)까지 함께 조화롭게 어울리는 삼조화사상을 담은 천지자연의 문자 철학을 담고 있다.

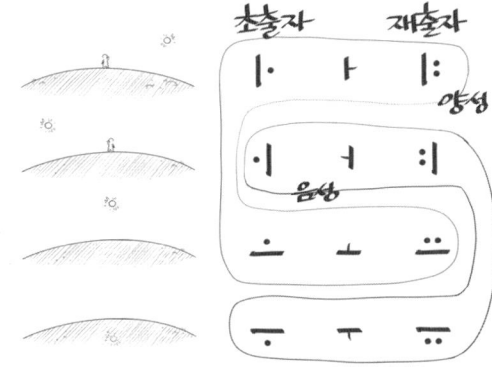

모음의 음양 배분과 관련하여 『훈민정음해례본』에 해설이 있다. 'ㅗ, ㅏ, ㅛ, ㅑ'의 동그라미 ·가 위와 밖에 있는 것은 그것들이 하늘에서 생겨나 양이 되기 때문이다. 'ㅜ, ㅓ, ㅠ, ㅕ'의 동그라미 ·가 아래와 안에 있는 것은 그것들이 땅에서 생겨나 음이 되기 때문이다. 그리고 물(ㅗ, ㅠ)과 불(ㅜ, ㅛ)은 아직 기(氣)에서 벗어나지 못하고 음과 양이 서로 사귀어 어울리는 처음이기 때문에 입술이 닫힌다(모아진다). 나무(ㅏ, ㅕ)와 쇠(ㅓ, ㅑ)는 음과 양이 만물의 바탕을 정하는 것이기 때문에 입술이 열린다(펴진다). 그러므로 모음 가운데도 스스로 음양과 오행 그리고 방위의 수가 있다고 말하는 것이다. 훈민정음해례의 설명을 다음과 같은 표로 정리할 수 있다.

중성	수	음양	오행	방위
ㅗ	1	양	수	북
ㅜ	2	음	남	남
ㅏ	3	영	목	동
ㅓ	4	움	금	서
·	5	양	토	중
ㅠ	6	음	수	북
ㅛ	7	양	화	남
ㅕ	8	음	목	동
ㅑ	9	양	금	서
ㅡ	10	음	토	중
ㅣ	無數	중성	無行	無位

한글은 천지자연의 소리를 발음하는 원리와 철학을 바탕으로 만든 수학적이며 과학적인 글자이다.
인류는 좀 더 실용적이고 과학적인 문자를 만들고자 애써 왔다.

그래서 한자와 같은 뜻 문자나 자음과 모음이 분리되지 않는 일본의 음절 문자보다는 자음과 모음이 분리되어 실용적인 영어 알파벳(로마자)과 같은 자모 문자(음소 문자)가 널리 쓰이고 있다. 한글은 과학성과 실용성을 두루 갖춘 문자이다.

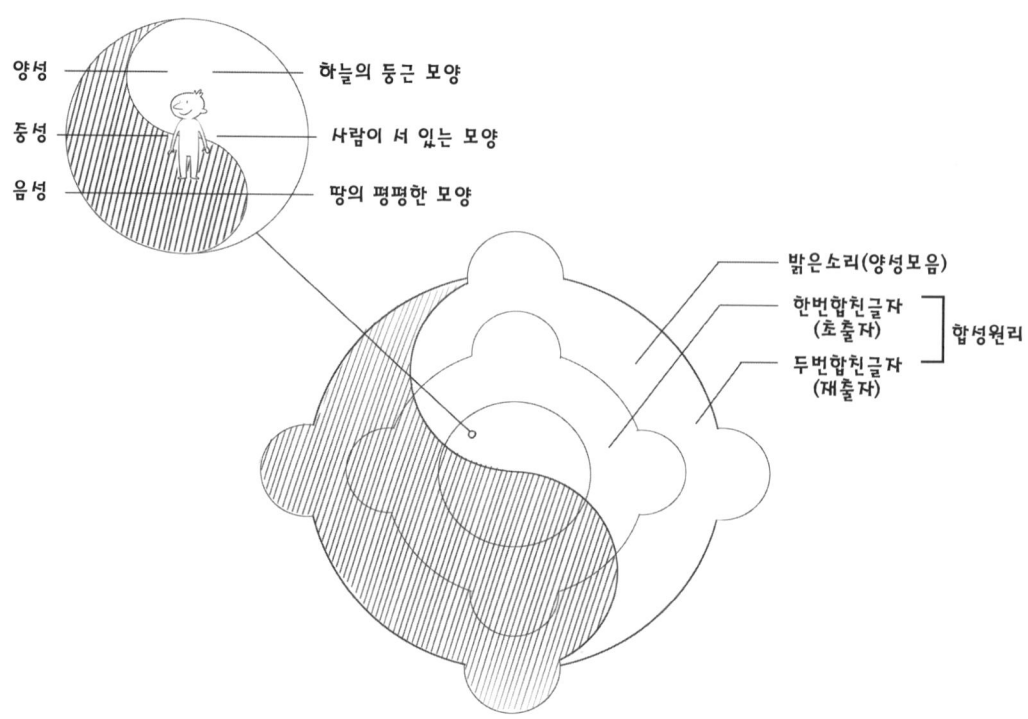

한글의 과학적 특성은 과학의 최첨단 분야인 휴대전화에서 더욱 빛을 발하고 있는데, 예를 들어 모음자 합성 방식의 과학을 잘 살린 '천지인' 방식이 대표적이다.

한글은 모음자를 중심으로 모아서 쓴다. 모음자를 중심으로 첫소리 자음과 끝소리 자음(받침)을 모아서 쓰는 것이다. 물론 받침이 없는 글자도 있다.

그래서 다른 언어는 직선 모양으로 1차원적 표현이지만, 한글은 평면적이므로 2차원적 표현이다. 결국 한글은 다른 문자보다 한 차원 높은 우수한 문자이다.

예를 들어 39123의 각 자릿수 3, 9, 1, 2, 3을 모두 더하면 3+9+1+2+3=18이고,

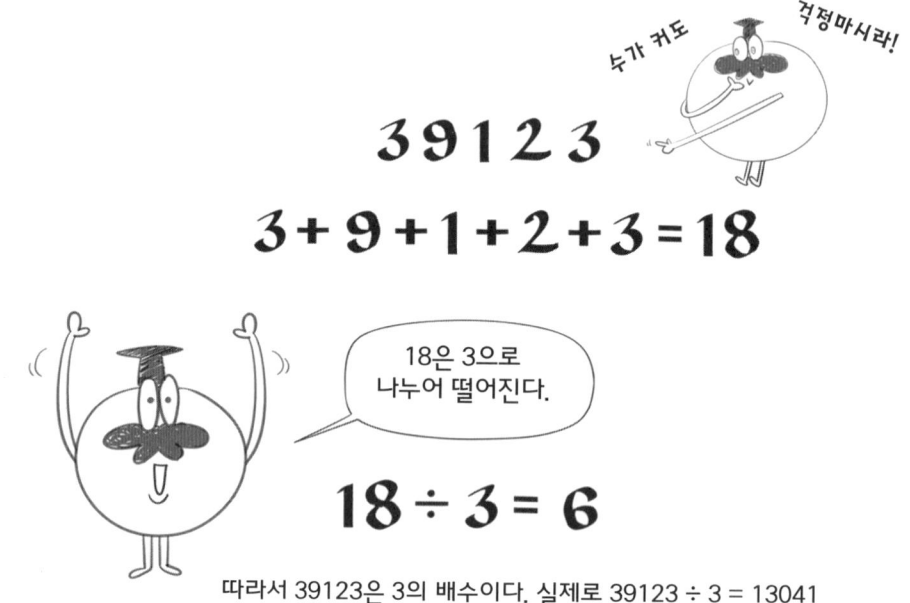

따라서 39123은 3의 배수이다. 실제로 39123 ÷ 3 = 13041

이와 같은 방법으로 다음 수들 중에서 3의 배수를 찾아보자.
281, 354, 962, 3742, 138624147

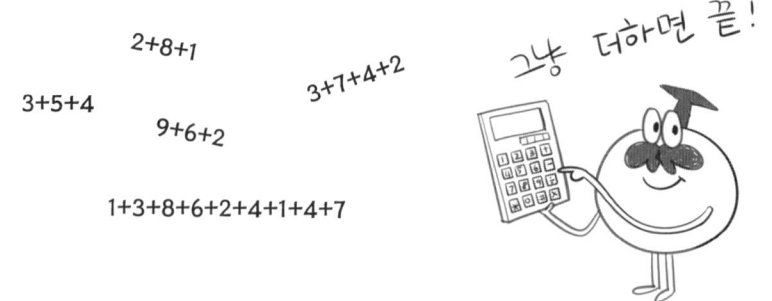

어떤 수들은 기하학적인 모양을 만드는 점의 수를 나타내기도 한다.

도형수에는 3각수에서 시작하여 8각수와 9각수 등 다양하게 있다.

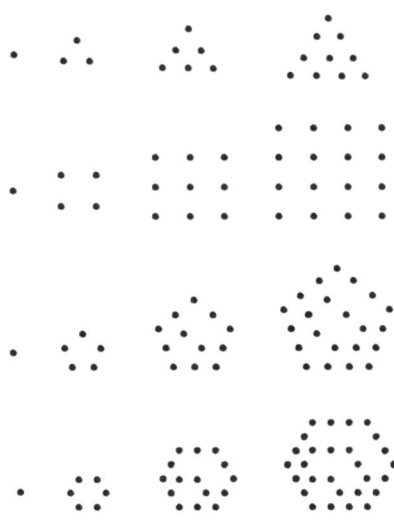

간단히 말하자면 삼각수는 동일한 물건을 정삼각형 모양으로 배열해서 나타낼 수 있는 수이다. 이를테면 점의 수를 늘려가면서 정삼각형 모양의 배열을 계속해서 만들어 가는 것이다. 이 때 각각의 정삼각형 모양의 배열을 만드는 점의 수로 이루어진 1, 3, 6, 10, 15, …은 각각의 수가 삼각수에 해당한다.

n번째 삼각수를 T_n으로 나타내면 T_n은 등차수열의 합에 의하여 다음과 같다.

$$T_n = 1 + 2 + 3 + \cdots + n = \frac{n(n+1)}{2}$$

수를 삼각형 모양으로 배열한 것 중에서 '파스칼 삼각형'이 있다.

파스칼 삼각형은 그림과 같이 이항계수를 삼각형 모양의 기하학적 형태로 배열한 것이다. 이것은 프랑스의 수학자 블레즈 파스칼(Blaise Pascal)에 의해 이름 붙여졌으나 이미 오래 전 전에 동양에서 연구된 것이다. 다음 그림은 조선의 수학자 홍정하가 지은 〈구일집, 천〉에 그려져 있는 파스칼 삼각형이고, 오른쪽은 오늘날의 수로 표현한 것이다. 중국 수학에서 이 삼각형은 11세기 가헌이라는 사람이 고안한 것으로 알려져 있다.

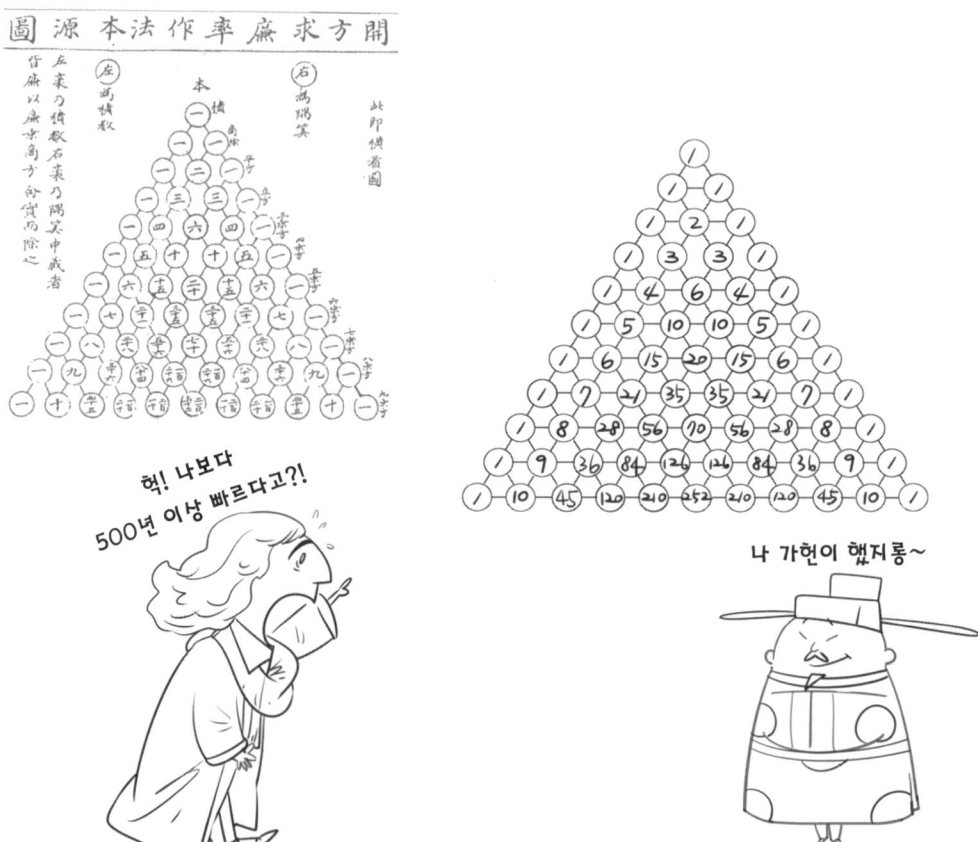

파스칼의 삼각형의 3열의 모든 수는 바로 위 줄 2개를 더해서 만든다. 이를테면 윗줄 왼쪽의 0과 오른쪽의 1을 더하여 0+1=1,

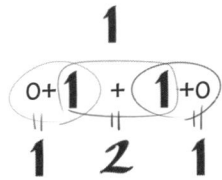
두 번째는 왼쪽의 1과 오른쪽의 1을 더하여 1+1=2, 가장자리의 수는 계속해서 왼쪽의 1과 오른쪽의 0을 더하여 0+1=1을 적는다.

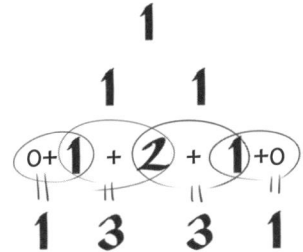
파스칼 삼각형의 4열의 모든 수도 바로 위 줄 2개의 수를 더해서 만든다. 이를테면 0+1=1, 1+2=3, 2+1=3, 1+0=1 이므로 다음과 같은 수 삼각형을 얻을 수 있다.

이와 같은 방법을 계속하면 앞과 같은 파스칼 삼각형을 얻을 수 있다.

```
                            1
                          1   1
                        1   2   1
                      1   3   3   1
                    1   4   6   4   1
                  1   5  10  10   5   1
                1   6  15  20  15   6   1
              1   7  21  35  35  21   7   1
            1   8  28  56  70  56  28   8   1
          1   9  36  84 126 126  84  36   9   1
        1  10  45 120 210 252 210 120  45  10   1
      1  11  55 165 330 462 462 330 165  55  11   1
    1  12  66 220 495 792 924 792 495 220  66  12   1
  1  13  78 286 715 1287 1716 1716 1287 715 286  78  13   1
1  14  91 364 1001 2002 3003 3432 3003 2002 1001 364  91  14   1
1 15 105 455 1365 3003 5005 6435 6435 5005 3003 1365 455 105 15  1
```

파스칼의 삼각형은 이항정리에서 계수들의 값을 계산하는 데에 사용된다. 예를 들어
$$(a+b)^2 = 1a^2 + 2ab + 1b^2$$
라는 식에서, 각 계수 1, 2, 1은 파스칼의 삼각형의 3번째 줄에 대응된다. 마찬가지로
$$(a+b)^3 = 1a^3 + 3a^2b + 3ab^2 + 1b^2$$
에서 각 계수 1, 3, 3, 1은 파스칼 삼각형의 4번째 줄에 대응된다.

$(a+b)^0 = \textcircled{1}$

$(a+b)^1 = \textcircled{1}a + \textcircled{1}b$

$(a+b)^2 = \textcircled{1}a^2 + \textcircled{2}ab + \textcircled{1}b^2$

$(a+b)^3 = \textcircled{1}a^3 + \textcircled{3}a^2b + \textcircled{3}ab^2 + \textcircled{1}b^3$

$(a+b)^4 = \textcircled{1}a^4 + \textcircled{4}a^3b + \textcircled{6}a^2b^2 + \textcircled{4}ab^3 + \textcircled{1}b^4$

$(a+b)^5 = \textcircled{1}a^5 + \textcircled{5}a^4b + \textcircled{10}a^3b^2 + \textcircled{10}a^2b^3 + \textcircled{5}ab^4 + \textcircled{1}b^5$

⋮

일반적으로
$$(x+y)^n = a_0x^ny^0 + a_1x^{n-1}y^1 + a_2x^{n-2}y^2 + \cdots + a_{n-2}x^2y^{n-2} + a_{n-1}x^1y^{n-1} + a_nx^0y^n$$
와 같은 전개식에서 a_i는 파스칼의 삼각형의 $n+1$번째 행(row)의 $i+1$번째 열(column) 값과 순차적으로 대응된다. 파스칼 삼각형은 다항식의 전개에 사용되고, 경우의 수를 구할 때도 사용된다.

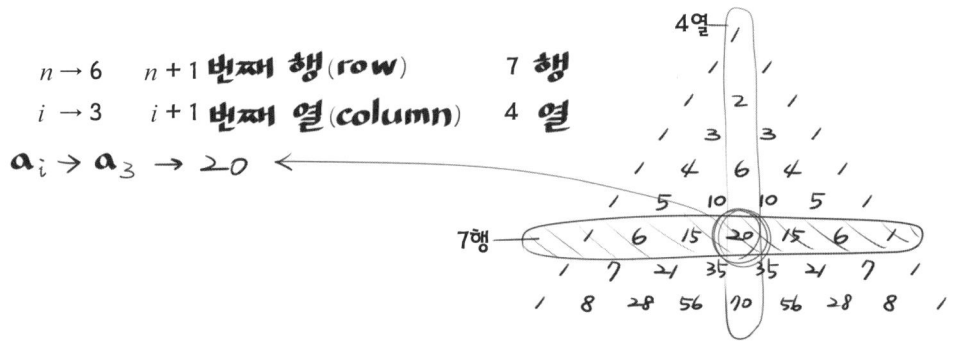

3은 지금까지 소개한 여러 가지 이외에도 다양하게 사용된다. 불행은 세 가지가 한꺼번에 찾아오지만 무엇이든 세 번째 시도는 행운이 있다고 한다.

다리가 세 개인 개를 보면 행운이지만 부엉이가 세 번 우는 것을 들으면 불행이 찾아온다고 한다.

또 침을 세 번 뱉으면 마귀를 쫓아버릴 수 있다고도 한다.

동양에서도 무엇이든 세 번은 해야 한다는 '삼 세 번', 만세도 세 번 부르는 '만세삼창'이 있다.

우리는 하루에 아침, 점심, 저녁 세 끼 식사를 하며, 서양에서는 식탁용 도구로 칼, 포크, 스푼의 세 가지가 한 묶음이다.

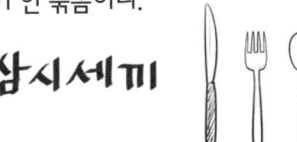

이처럼 3은 우리 생활 여기저기에 사용되는 매우 중요한 수이다.

PART 06

수 4와 제곱근

6. 수 4와 제곱근

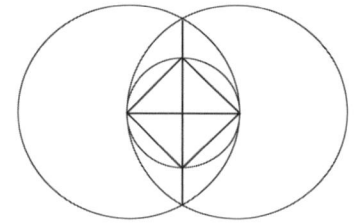

수철학자들은 트리아드인 3 다음의 수 4를 '테트라드(Tetrad)'라고 부르는데, 4는 완결을 의미한다.

수 철학자들은 우주에 있는 자연적이고 수적인 모든 것은 1부터 4까지 진행하며 완성되어 간다고 한다.

예를 들어, 봄, 여름, 가을, 겨울의 4계절이 있고,

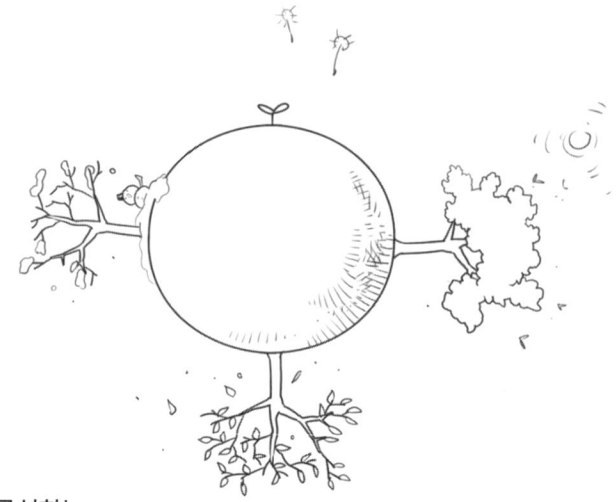

옛날 철학자들은 물, 불, 흙, 공기를 우주를 구성하는 4개의 원소라고 여겼다.

또 플라톤(Plato, B.C. 427년 ~ B.C. 347년)은 자신의 철학을 지성, 이성, 지각, 상상력의 4가지 요소로 설명하였다.

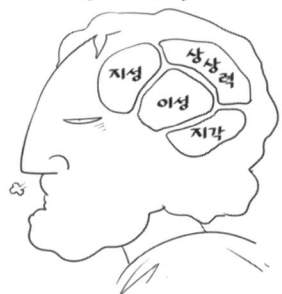

공간에서 점 4개는 최초의 3차원 입체인 피라미드를 만든다.

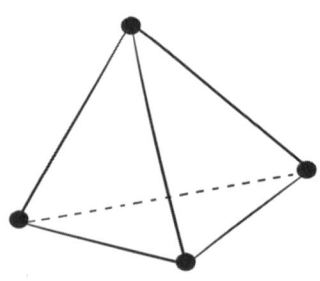

그래서 3을 나타내는 트리아드는 평면이지만 4를 나타내는 테트라드는 공간을 나타낸다.

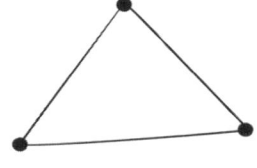 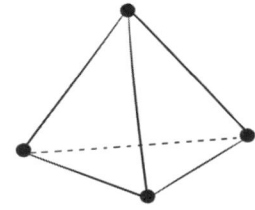

평면인 정삼각형이 어떻게 입체인 정사면체가 되는지 직접 만들어보자.

다음과 같은 순서로 정사면체를 작도하여 만들어 보자.
(1) 반지름이 같은 두 원으로 베시카 피시스를 그리고, 큰 정삼각형을 그린다..

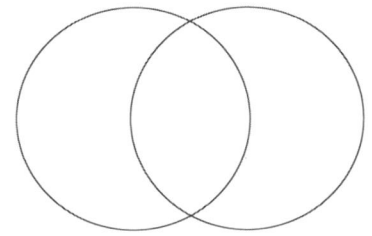 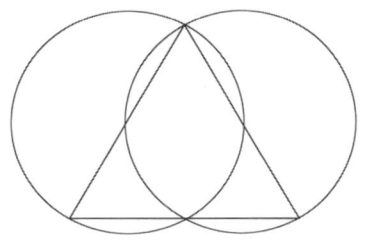

(2) 두 원의 중심과 그 교점들을 연결하여 큰 정삼각형을 네 개의 작은 정삼각형으로 나눈다.

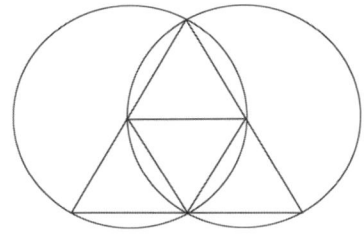

(3) 그림과 같이, 바깥쪽에 위치한 세 삼각형의 변에 풀칠할 부분을 표시한다.

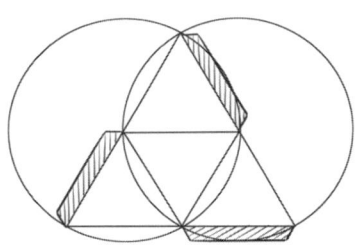

(4) 그 부분 주위로 도형을 잘나낸다.

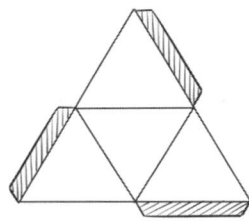

(5) 각 선을 접어 세 모서리가 한 점에서 만나게 한다. 그리고 각각의 모서리 안쪽으로 풀을 붙인다.

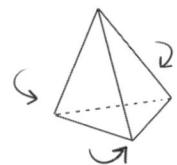

또 피타고라스학파는 산술, 기하, 음악, 천문학의 4가지가 진리의 기초라고 생각했다. 피타고라스는 세상을 바라보는 수학적 관점을 4가지로 나누어 다음과 같이 말했다.
"산술, 음악, 기하학 그리고 천문학은 지혜의 근본으로 1, 2, 3, 4의 순서가 있다."
피타고라스에 의하면 산술은 수 자체를 공부하는 것이고, 음악은 시간에 따른 수를 공부하는 것이고, 기하학은 공간에서 수를 공부하는 것이며, 천문학은 시간과 공간에서 수를 공부하는 것이다.

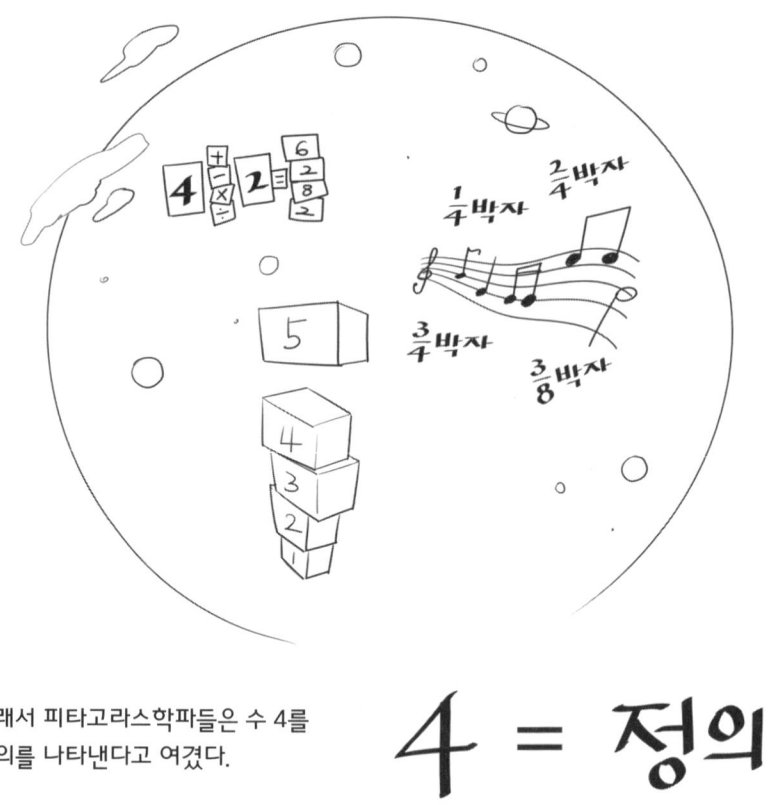

그래서 피타고라스학파들은 수 4를 정의를 나타낸다고 여겼다.

4 = 정의

4를 정의의 원천으로 생각한 이유는 4가 정확히 반으로 똑같이 나누어지는 수이기 때문이다.

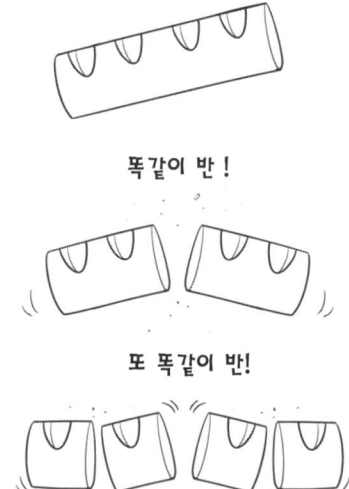

즉, 4=2+2이고,
두 개의 2는 다시 (1+1)+(1+1)로 나눌 수 있으므로 우주의 근원인 모나드로 돌아갈 수 있는 최초의 수이다.

이와 같은 4의 속성은 안정하고 단단한 지구와의 연관성을 암시하기도 했다.

4가 정의의 원천으로 생각한 또 다른 이유는 똑같은 값들을 곱해서 나타나는 최초의 수이기 때문이다.

$$4 = 2 \times 2$$

여기서 잠깐 같은 수를 두 번 곱하는 것과 관련 있는 제곱근에 대하여 알아보자.

다음 그림과 같이 정사각형 모양으로 스티커를 붙여 나갈 때, 사용된 스티커의 개수는 차례로 1, 4, 9, 16개다. 스티커의 개수가 1, 4, 9, 16인 정사각형 모양의 한 줄에 붙인 스티커의 개수는 각각 1, 2, 3, 4이다. 이때 한 줄에 사용된 스티커의 제곱은 전체 스티커의 개수와 같다. 즉 $1^2 = 1, 2^2 = 4, 3^2 = 9, 4^2 = 16$이다. 1, 4, 9, 16과 같은 수는 어떤 수를 제곱하여 얻을 수 있는 수라서 제곱수라고 한다.

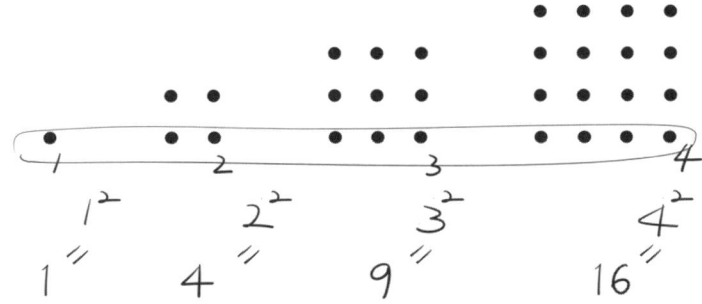

6. 수 4와 제곱근   97

한편, 음이 아닌 수 a에 대하여 제곱하여 a가 되는 수를 a의 제곱근이라고 한다.
이를테면 2를 제곱하면 4가 되므로 2는 4의 제곱근이다.

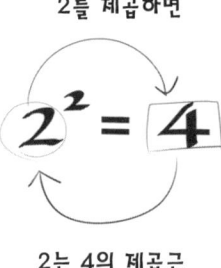

그런데 −2를 제곱하면 $(-2) \times (-2)^2 = 4$이므로 −2도 4의 제곱근이다.

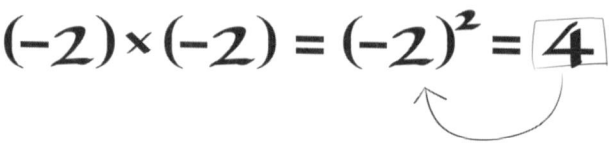

따라서 4의 제곱근은 2와 −2이다.

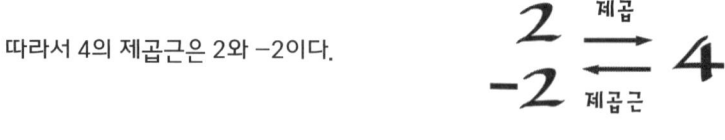

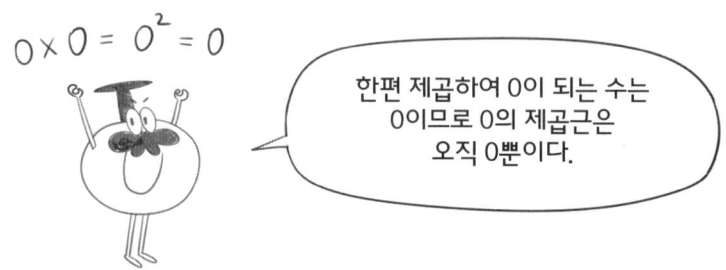

한편 제곱하여 0이 되는 수는 0이므로 0의 제곱근은 오직 0뿐이다.

또 양수와 음수를 제곱하면 항상 양수가 되므로 음수의 제곱근은 생각하지 않는다.
이를테면 어떤 수를 제곱해도 −4가 되지 않으므로 −4의 제곱근은 없다고 생각하는 것이다.

하지만 수의 크기를 점차 키우면 나중에는 −4의 제곱근을 생각할 수도 있게 된다.

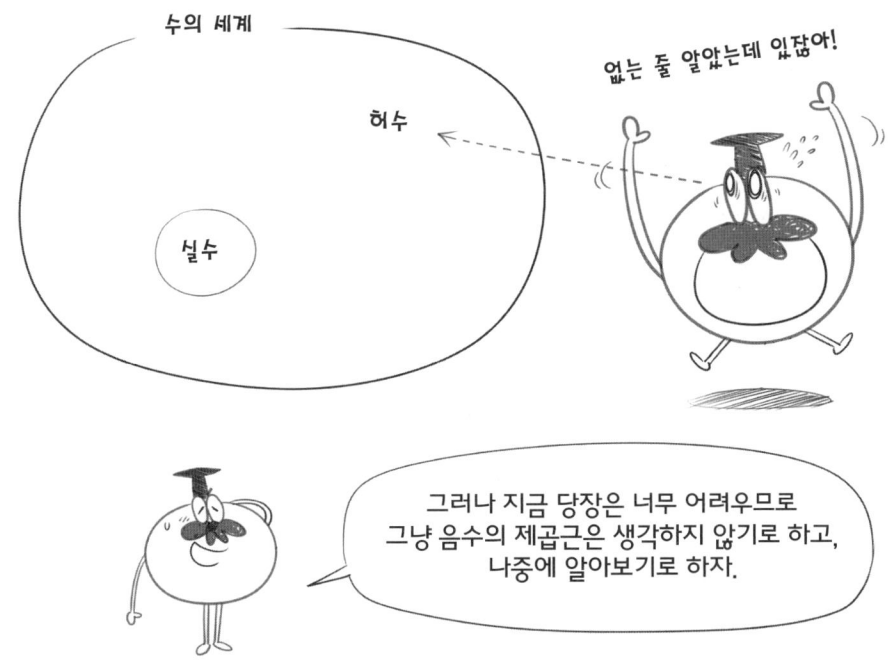

1, 4, 9, 16의 제곱근을 각각 구하면 다음과 같다.
1의 제곱근 ; 1, −1
4의 제곱근 ; 2, −2
9의 제곱근 ; 3, −3
16의 제곱근 ; 4, −4

$$(\pm 1)^2 = 1$$
$$(\pm 2)^2 = 4$$
$$(\pm 3)^2 = 9$$
$$(\pm 4)^2 = 16$$

그럼 25의 제곱근은? $5^2 = 25$, $(-5)^2 = 25$
이므로 25의 제곱근은 5^2, -5^2이다.

$$25 = (\pm 5)^2$$

제곱근에서 근(根)은 '뿌리'라는 뜻으로 제곱근은 제곱하여 어떤 수를 만들 수 있는 '수의 뿌리'라는 뜻이다.

제곱근을 영어로 'root'라고 하는데 이것도 한자와 마찬가지로 '뿌리'라는 뜻이다.

root = 根 = 뿌리

그래서 모양도 root의 머리글자 r를 따서 $\sqrt{}$ 로 나타낸다.

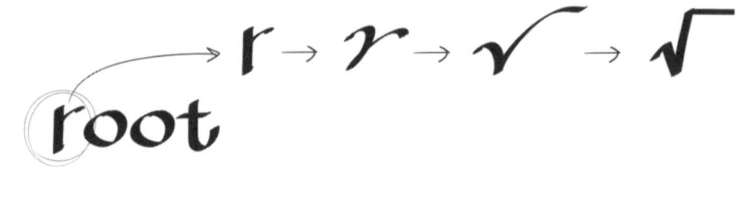

이를 테면 4의 양의 제곱근은 $\sqrt{4}$
음의 제곱근은 $-\sqrt{4}$ 로 나타낸다.

여기서 기호 $\sqrt{}$ 를 근호라고 하며, $\sqrt{a}$를 '루트 a' 또는 '제곱근 a'라고 읽는다.

한편 근호 $\sqrt{}$ 를 사용하지 않고 제곱근을 나타낼 수도 있다.

이를테면 $2^2 = 4$, $(-2)^2 = 4$이므로
4의 제곱근은 2와 −2이다. 즉,
4의 양의 제곱근은 $\sqrt{4}$ = −2이다.

$$\sqrt{4} = 2$$
$$-\sqrt{4} = -2$$

$\sqrt{2}$ 와 $-\sqrt{2}$ 는 2의 제곱근이므로 $(\sqrt{2})^2 = 2, (-\sqrt{2})^2 = 2$이다. 일반적으로 a가 양수일 때, $(\sqrt{a})^2 = a, (-\sqrt{a})^2 = a$이다. 또 $2^2 = 4, (-2)^2 = 4$이므로 $\sqrt{2^2} = \sqrt{4} = 2$이고 $\sqrt{(-2)^2} = \sqrt{4} = 2$이다. 일반적으로 a가 양수일 때, $\sqrt{a^2} = a, \sqrt{(-a)^2} = \sqrt{a^2} = a$이다.

제곱근의 성질

$a > 0$ 일 때,

1) $(\sqrt{a})^2 = a, (-\sqrt{a})^2 = a$ 2) $\sqrt{a^2} = a, \sqrt{(-a)^2} = \sqrt{a^2} = a$

여기서 잠깐! 어떤 수를 제곱하면 2 또는 3이 될까?

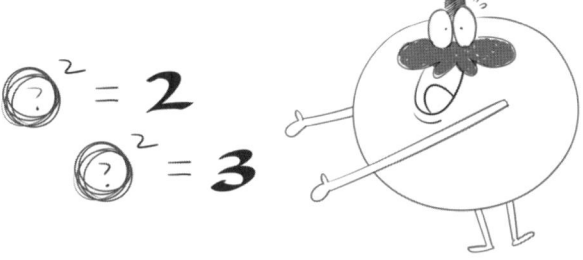

제곱하면 2가 되는 수는 $\sqrt{2}$, 제곱하면 3이 되는 수는 $\sqrt{3}$ 라고 했다.
그런데 $\sqrt{4} = 2$이므로 $\sqrt{4}$ 는 유리수인데, $\sqrt{2}$ 나 $\sqrt{3}$ 도 유리수일까?

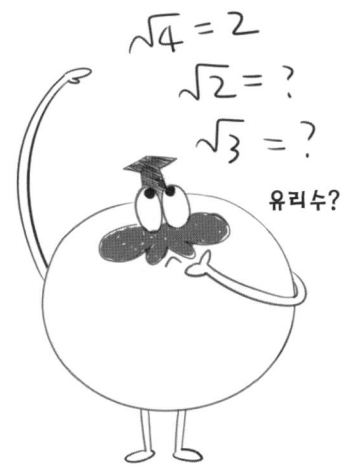

유한소수와 순환소수는 유리수이고, 정수가 아닌 유리수는 유한소수나 순환소수로 나타낼 수 있다.

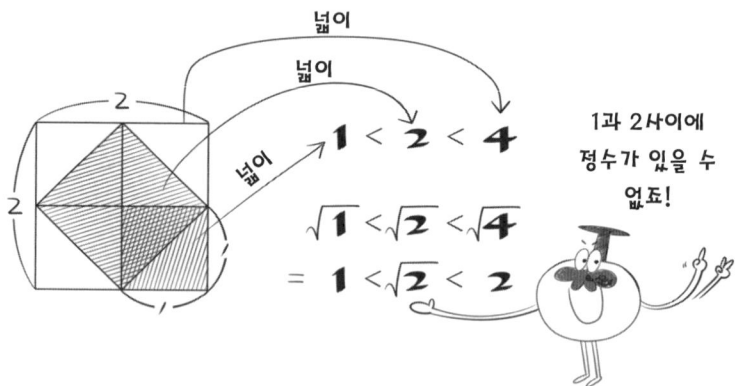

이제 $\sqrt{2}$ 가 유리수인지 알아보자. 다음 그림에서 정사각형의 넓이를 비교하면 $1 < 2 < 4$이므로 $\sqrt{1} < \sqrt{2} < \sqrt{4}$, 즉 이다. 따라서 $\sqrt{2}$ 는 정수가 아니다.

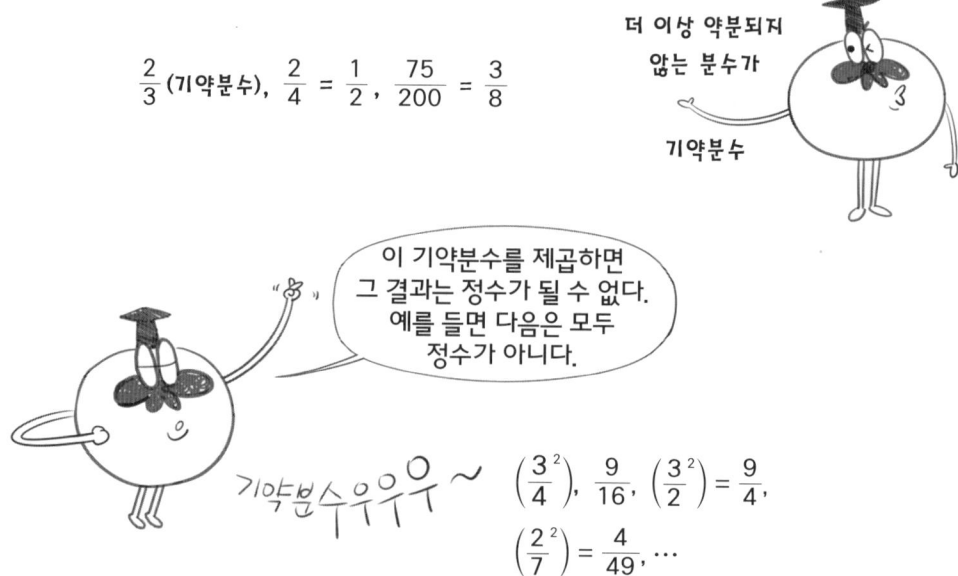

한편 정수가 아닌 유리수는 모두 기약분수로 나타낼 수 있다.

$\frac{2}{3}$ (기약분수), $\frac{2}{4} = \frac{1}{2}$, $\frac{75}{200} = \frac{3}{8}$

더 이상 약분되지 않는 분수가 기약분수

이 기약분수를 제곱하면 그 결과는 정수가 될 수 없다. 예를 들면 다음은 모두 정수가 아니다.

기약분수우우우~ $\left(\frac{3}{4}\right)^2$, $\frac{9}{16}$, $\left(\frac{3}{2}\right)^2 = \frac{9}{4}$, $\left(\frac{2}{7}\right)^2 = \frac{4}{49}$, $\cdots$

그런데 $\sqrt{2}$ 를 기약분수로 나타낼 수 있다면 $(\sqrt{2})^2$은 정수가 될 수 없다. 그러나 $(\sqrt{2})^2 = 2$ 이므로 정수가 된다. 즉, $\sqrt{2}$ 는 기약분수로 나타낼 수 없다. 따라서 $\sqrt{2}$ 는 정수도 아니고 기약분수로 나타낼 수도 없으므로 유리수가 아니다. 이와 같이 유리수가 아닌 수를 무리수라고 한다.

이제 무리수 $\sqrt{2}$ 를 다음과 같이 소수로 나타내어 보자.

(1) $1 < 2 < 4$이므로
$1 < \sqrt{2} < 2$

(2) $1.4^2 = 1.96$, $1.5^2 = 2.25$이므로 이고, $1.4^2 < 2 < 1.5^2$
$1.4 < \sqrt{2} < 1.5$

(3) $1.41^2 = 1.9881$, $1.42^2 = 2.0164$이므로
$1.41 < \sqrt{2} < 1.42$

(4) $1.414^2 = 1.999396$, $1.415^2 = 2.002225$이므로
$1.414 < \sqrt{2} < 1.415$

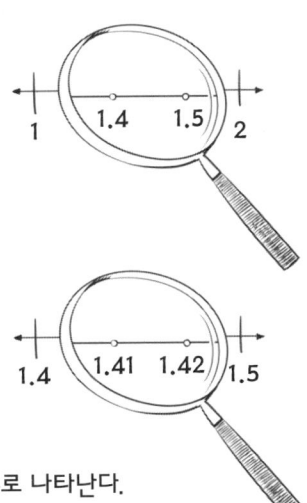

같은 방법으로 계속하면 $\sqrt{2}$ 는 다음과 같이 순환하지 않는 무한소수로 나타난다.
$\sqrt{2} = 1.41421356237309504880 \cdots$

$\sqrt{3}$, $\sqrt{5}$, π 등도 모두 무리수임이 알려져 있다.
이 무리수들은 다음과 같이 순환하지 않는 무한소수로 나타난다.

$$\sqrt{3} = 1.73205080756\cdots, \quad \sqrt{5} = 2.23606797749\cdots,$$
$$\pi = 3.1415926535\cdots$$

유리수와 무리수를 통틀어 실수라고 하며, 실수를 분류하면 다음과 같다.

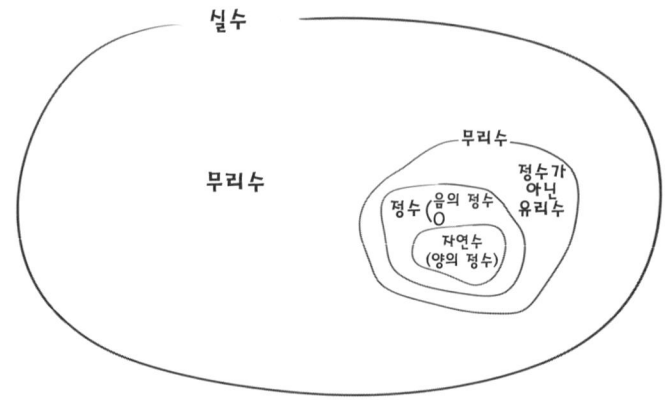

자. 이제 앞에서 생각했던 문제인
'어떤 수를 제곱하면 -4가 될까?'
에 대하여 생각해 보자.

$$?^2 = -4$$
$$?^2 = -1$$

어떤 수를 제곱하면 -4가 되는지 알아보는 것은 어떤 수를 제곱해서 -1이 되는지 알아보는 것과 마찬가지이다.

즉, 어떤 수를 x라 하면 $x^2 = 1$이
되는 수 x가 무엇인지 구하면 된다.

그런데 제곱해서 음수가 되는 실수는 없으므로
방정식 $x^2 = -1$은 실수 범위에서 해를 갖지 않는다.

따라서 방정식 $x^2 = -1$이 해를 가지려면 실수 이외의 새로운 수가 필요하다.

제곱해서 -1이 되는 새로운 수를 생각하여 이것을 i로 나타내고 허수단위라고 한다.
즉, $i^2 = -1$이며, 제곱해서 -1이 된다는 의미에서 $i = \sqrt{-1}$로 나타내기도 한다.

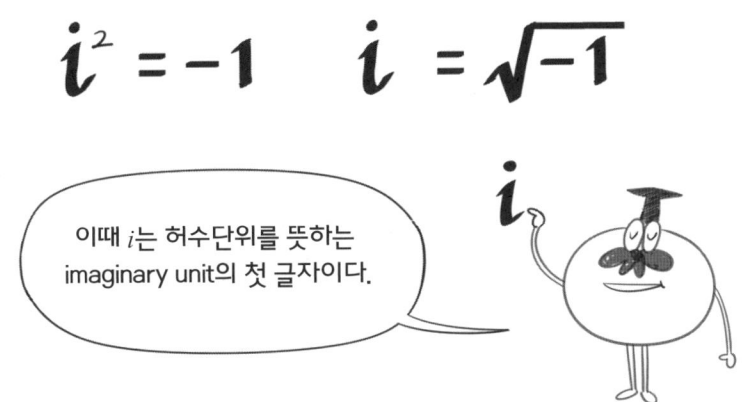

이때 i는 허수단위를 뜻하는 imaginary unit의 첫 글자이다.

실수 a, b에 대하여 a, bi 꼴의 수를 복소수라고 한다 이때 a를 $a + bi$의 실수부분, b를 $a + bi$의 허수부분이라고 한다.

특히, $0i = 0$으로 정하면 실수 a는 $a = a + 0 = a + 0i$로
나타낼 수 있으므로 실수도 복소수이다.

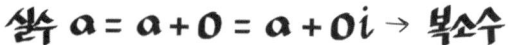

실수 $a = a + 0 = a + 0i$ → 복소수

이때 실수가 아닌 복소수 $a + bi$ $(b \neq 0)$를 허수라고 한다.
즉, 복소수는 다음과 같이 분류할 수 있다.

복소수 $a + bi \begin{cases} \text{실수 } a & (b = 0) \\ \text{허수 } a + bi & (b \neq 0) \end{cases}$ (a, b는 실수)

이를테면 복소수 $3-2i$의 실수부분은 3, 허수부분은 -2이다.

또 세 복소수 2, $5 + 2i$, $3i$에서
2는 실수, $5 + 2i$와 $3i$는 허수이다.

한편 복소수 $a + bi$에 대하여 허수부분의 부호를 바꾼
복소수 $a - bi$ 를 $a + bi$ 의 켤레복소수라고 하며,
기호 $\overline{a + bi}$ 로 나타낸다. 이를테면

$\overline{3 + 2i} = 3 - 2i$, $\overline{7} = 7$, $\overline{-2 - 5i} = -2 + 5i$, $\overline{-\sqrt{3}\,i} = -\sqrt{3}\,i$

이로써 오늘날 우리는 실수를 넘어 복소수까지
수를 확장하여 사용할 수 있게 되었다.

사실 4는 첫 번째 합성수이다. 합성수는 1과 자기 자신 이외의 수로 나누어떨어지는 수이다. 즉 1이 아닌 두 수의 곱으로 나타낼 수 있는 첫 번째 수이다.

$$4 = 2 \times 2$$
$$4 \div 2 = 2$$

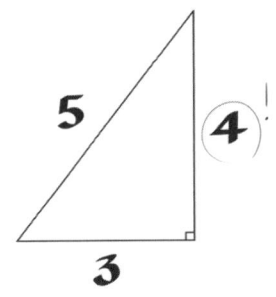

게다가 4는 피타고라스 정리에서 가장 표준적인 직각삼각형의 높이다.

피타고라스학파는 4가 짝수–짝수로 곱해지는 첫 번째 수이기 때문에 4를 조화와 정의를 상징하는 수로 여겼다. 4는 철학자들이 의미를 부여하는 것 이외에도 우리와 매우 밀접하게 연결되어 있다.

우선 우리의 DNA는 4개의 단백질인 아데닌, 시토신, 구아닌, 티민으로 구성되어 있다.

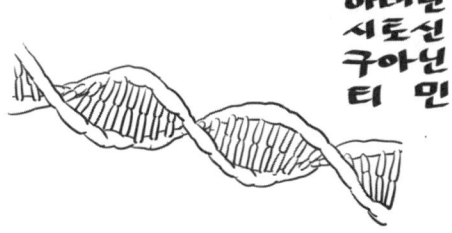

결국 우리 몸과 유전자는 모두 4를 바탕으로 하고 있다.

우리가 발붙이고 사는 땅 위의 여러 곳에서도 4를 사용하고 있다.

특히 동양에서 '하늘은 둥글고 땅은 네모다.'는 천원지방(天原地方)에서 4는 정사각형의 땅을 의미한다.

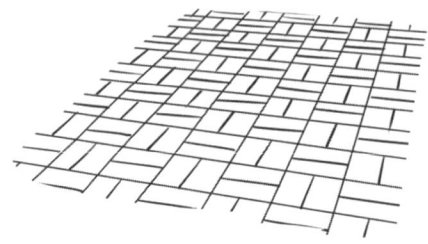

우리는 도시에서 사각형 모양의 타일이 깔린 보도를 걸어간다.

우리가 보는 대부분의 건물은 사각형 모양이다.

또 방도 사각형이고, 식탁도 사각형, 책상도 사각형이고, 종이, 책, 휴대폰, 컴퓨터, TV도 사각형 모양이다.

다이아몬드라고 부르는 야구 경기장은 실은 정사각형이다.

축구장도 직사각형이다.

권투 경기장도 역시 정사각형이다.

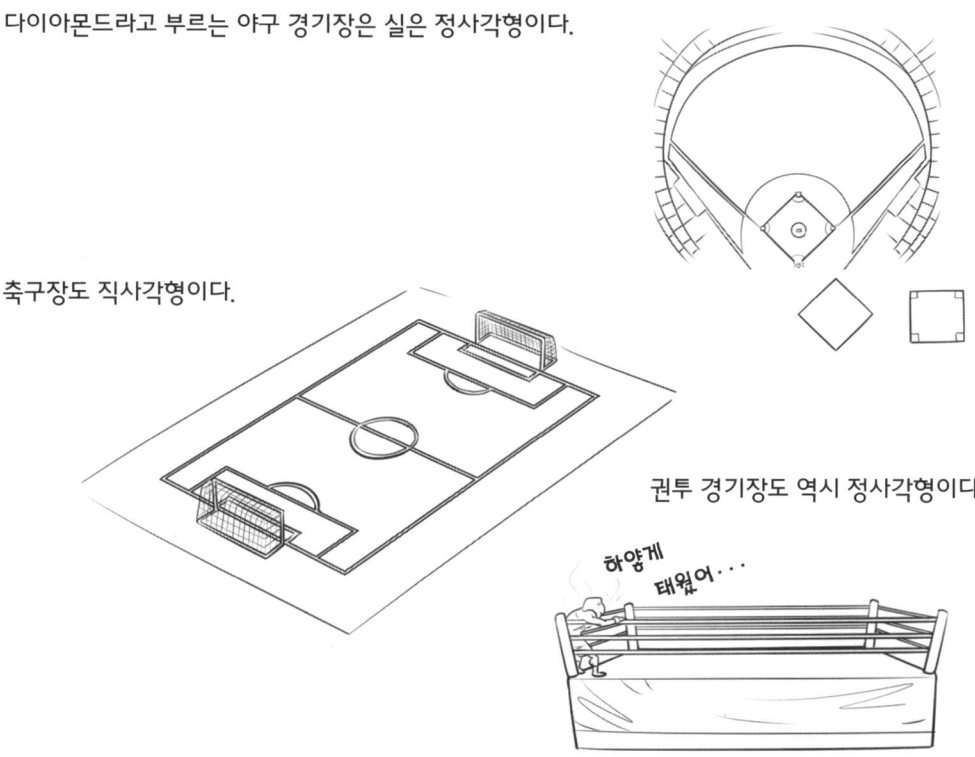

체스도 바둑도 모두 정사각형 모양의 판 위에서 게임을 한다.

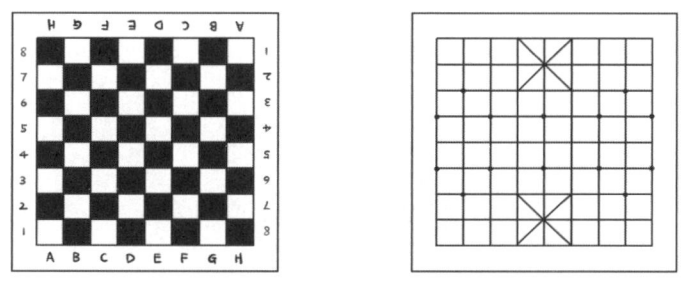

이와 같이 우리 주변의 많은 것들이 모두 사각형으로 이루어져 있다.

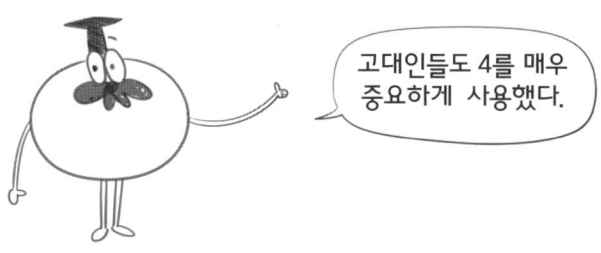

고대인들도 4를 매우 중요하게 사용했다.

고대 이집트인들은 하늘을 떠받치기 위해 땅으로부터 솟아있는 기둥을 상징할 때 4를 사용했다.

마야인도 이와 비슷하게 4개의 존재가
하늘의 천장을 떠받치고 있는 것으로 묘사했다.

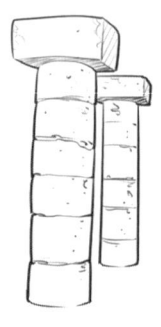 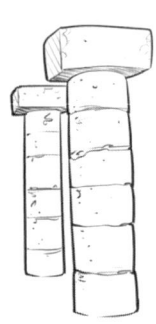

정사각형은 고대의 문화권에 상관없이 대지의 여신을 나타내는 가장 주요한 상징으로 사용되었다.

그래서 수 4는 지구상의 모든 생물에게 자양분을 주고 기르는 것이다.

여기서 잠깐 동양과 서양의 생각의 차이를 엿볼 수 있는 것이 있다.

우리말에 '사방을 살핀다.'라는 말이 있는데, 이 말을 영어로 하면 'look around'이고, 이것은 '주위를 빙 둘러 살핀다.' 라는 의미이다.

즉, 세상을 대하는 우리의 시야는 정사각형인 데 비하여 서양은 원이다.

이 정사각형과 원은 인간 중심주의와 신(神) 중심주의라는 대립적인 세계관을 낳았다.

또 정사각형과 원 사이의 관계는 수학의 역사에서 매우 중요한 의미를 갖는다.

인류는 2천 년 동안이나 원과 같은 넓이를 갖는 정사각형을 만들 수 있느냐 하는 문제를 고민해 왔다.

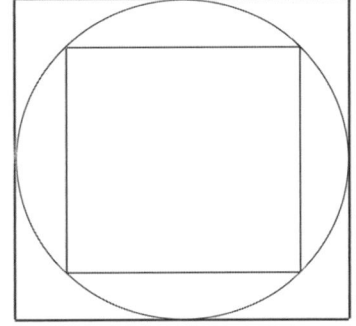

그리고 마침내 원과 넓이가 같은 정사각형은 만들 수 없다는 결론을 내렸다.
언뜻 생각하기에 쉬워 보이는 이 문제가 해결된 것은 불과 1백 년 전의 일이다.

PART 07

수 5와 황금비

7. 수 5와 황금비

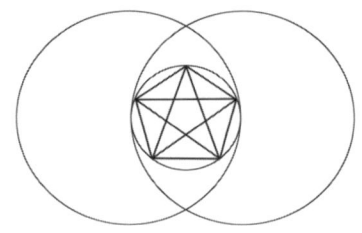

수 철학자들은 수 5를 '펜타드(Pentad)'라고 한다.

5는 2와 3, 짝수와 홀수, 남성과 여성을 함께 나타내는 수이다.

5는 결혼, 조화, 그리고 화합을 나타내기 때문에 사랑의 여신 아프로디테에게 바쳐진 수이다.

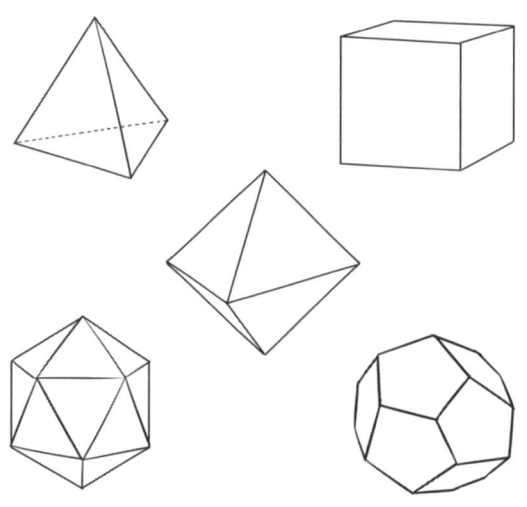

우주의 모든 것은 5가지 본질적인 모양인 정사면체, 정육면체, 정팔면체, 정십이면체, 정이십면체 등을 통하여 명백하게 구체화 된다.

플라톤은 5가지의 정다면체에 우주의 네 가지 원소인 물, 불, 흙, 공기를 하나씩 연결시켰다. 정사면체는 면의 수가 가장 적은 4개이므로 4원소 중에서 가장 건조한 불에, 정육각형은 불 다음으로 건조한 흙에, 정팔각형은 공기에, 가장 습한 물은 정이십면체에 대응했다. 그리고 마지막으로 정오각형이 한 면을 이루고 있는 정십이면체를 이 4개의 원소를 모두 품고 있는 우주 또는 하늘에 대응했다. 그래서 5는 주로 별과 우주를 상징한다.

고대 철학자인 이암블리코스는 5에 대하여 다음과 같이 말했다.

7. 수 5와 황금비

즉, 정오각형 안에 그려진 별은 작은 정오각형을 만들고, 작은 정오각형은 또 작은 별을 만들며, 그 별은 또 다시 더 작은 정오각형을 만드는 과정을 무한히 계속한다.

특히 정오각형과 별은 황금비와 밀접한 관련이 있다.
황금비는 많은 특성을 가지고 있다. 만일 짧은 부분을 S라하고 긴 부분을 L이라고 한다면, 다음과 같은 식으로 나타낼 수 있다. 즉, 짧은 부분과 긴 부분의 비는 긴 부분과 전체의 비와 같게 된다. 이때 짧은 것과 긴 것의 비는 약 이다. 어떤 것을 이와 같은 비로 분할하는 것을 '황금분할(Golden Section)'이라고 한다.

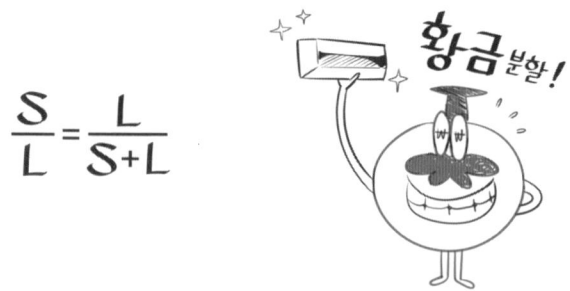

수학적으로 황금비는 그림과 같이 선분 $\overline{AC}$ 를 $1:\phi$로 내분하는 점 B에 대하여 $\overline{AB}:\overline{BC} = \overline{BC}:\overline{AC}$ 를 만족한다. 즉 $1:\phi = \phi:1+\phi$이다. 이 식을 정리하면 $\phi^2 - \phi - 1 = 0$ 이고, 근의 공식을 이용하여 이 이차방정식의 해를 구하면 $\phi = \dfrac{1 \pm \sqrt{5}}{2}$ 이다. 두 해 중에서 양의 값 $\phi = \dfrac{1 \pm \sqrt{5}}{2}$ 을 택하면 $\phi = 1.618\cdots$이다.

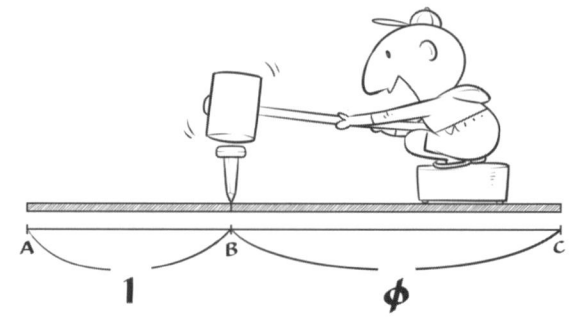

황금비를 나타내는 기호 ϕ는 황금비를 조각에 이용했던
조각가 페이디아스(Phidias, BC 480 – BC 430)의 그리스 이름
'Φειδίας'의 머리글자를 따온 것이다.

기원전 2000년경의 이집트 〈린드 파피루스〉에 기원전 4700년에 기자(Gizeh)의 대 피라미드를 건설하는데 이 수를 '신성한 비율'로 사용했다고 전하고 있다. 실제로 피라미드 밑의 중심에서 밑의 모서리까지, 그리고 경사면까지 거의 정확하게 황금비이다. 〈린드 파피루스〉가 작성되었던 같은 시기의 바빌로니아인들은 이 비율에 특별한 성질이 있다고 생각했다.

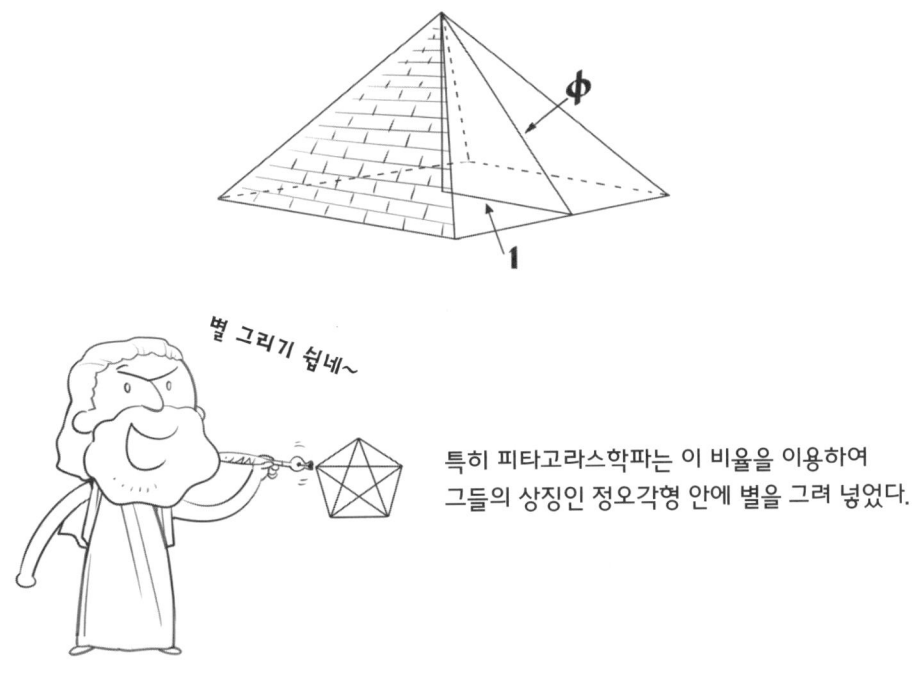

특히 피타고라스학파는 이 비율을 이용하여
그들의 상징인 정오각형 안에 별을 그려 넣었다.

그 이유는 정오각형의 각 꼭짓점을 잇는 직선들이 만나는 비율들이 모두 황금비였기 때문이다.

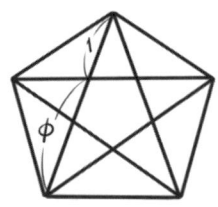

고대인들이 황금비를 찾아낸 이후 지금까지 황금비는 각종 건축물과 예술작품 그리고 실생활 용품에 이르기까지 다양하게 이용되고 있다. 그리고 우리의 신체에서도 황금비를 찾을 수 있다. 그림에서 보듯이 보통 8등신이라고 하는 사람의 경우 배꼽은 전신을 황금비로 나누며, 목은 상체, 무릎은 하체를 황금비로 나누며 얼굴에서도 황금비를 찾을 수 있다.

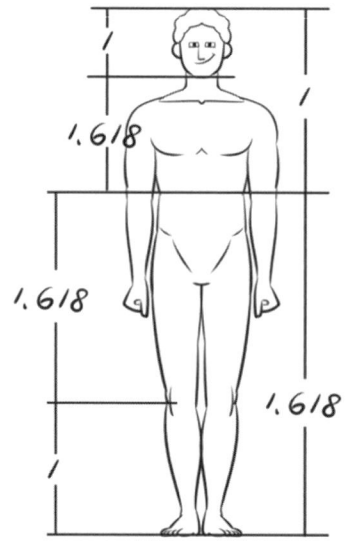
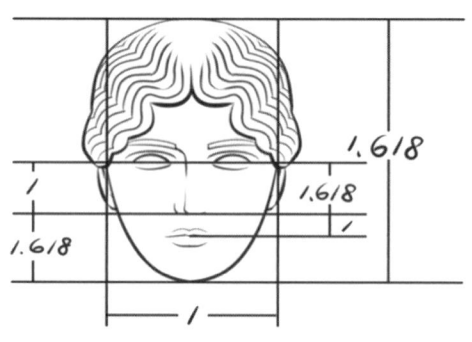

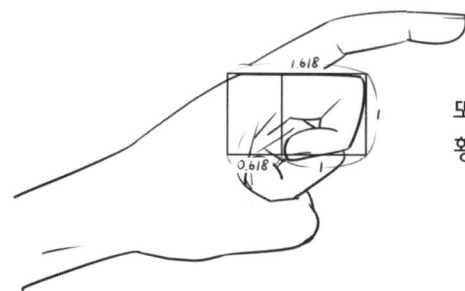
또 검지를 구부렸을 때 구부러진 모양에서도 황금비를 찾을 수 있다.

118

검지를 구부렸을 때 얻어지는 직사각형은 가로와 세로의 길이가 황금비이다. 이런 직사각형을 황금사각형이라고 한다. 즉, 다음 그림과 같이 가로와 세로의 비가 $a:b = (a+b):a$인 사각형을 황금사각형이라고 한다.

이 비례식에서 $\frac{a}{b}$ 의 값을 계산하면 1.618…로 황금비가 된다.

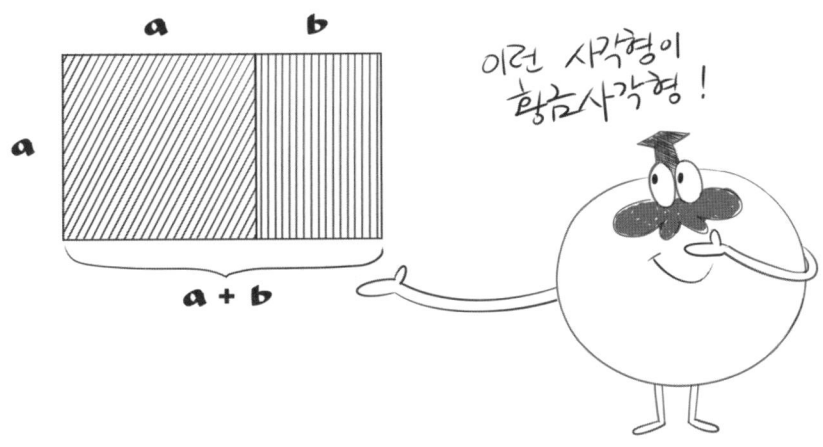

이 황금사각형에서 정사각형을 잘라낸 직사각형은 또 다시 황금사각형이 되며 이 과정은 무한히 반복된다. 이때 만들어진 각각의 정사각형의 한 변의 길이를 반지름으로 하는 호를 그려 연결하면 그림과 같이 나선이 생기는데, 이 나선을 황금나선이라고 한다.

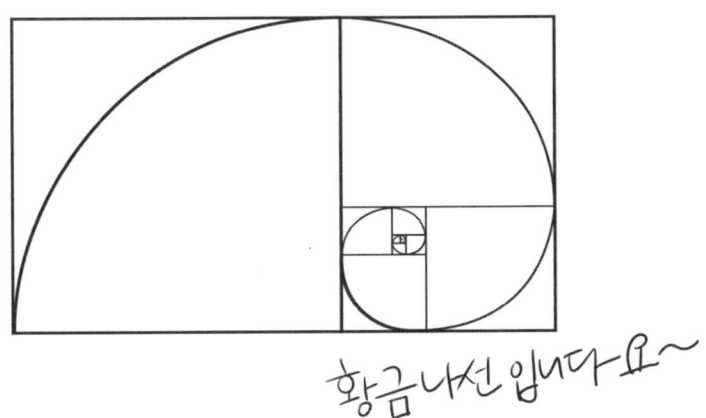

황금직사각형은 명함, 신용카드, 컴퓨터의 화면 등 다양한 분야에서 활용되고 있다.

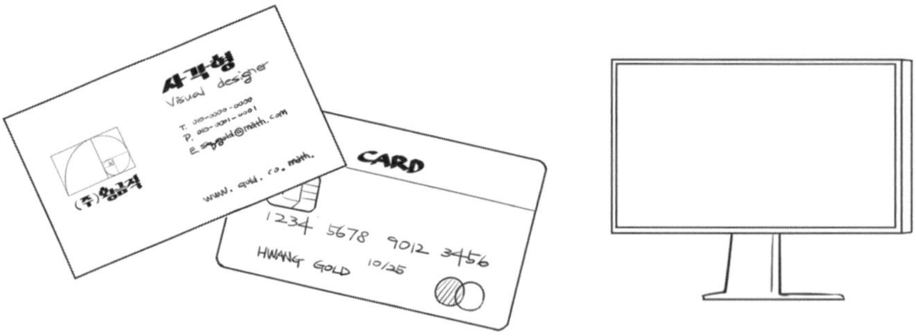

먼저 한 변의 길이가 2인 정사각형을 그린다.

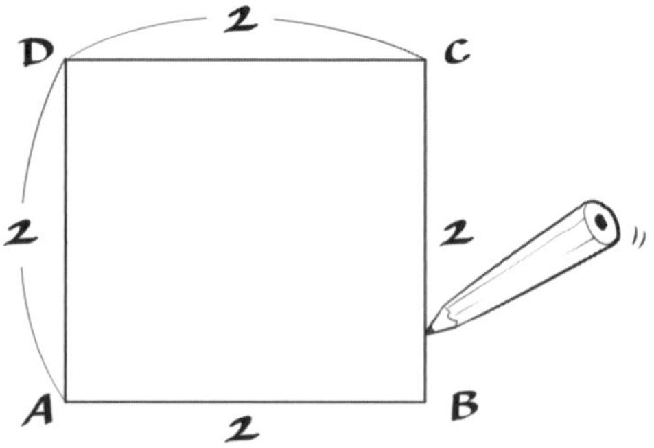

그 다음 변 AB의 중점 E를 잡고, 그 점 E에서 꼭지점 C로 직선을 그린다. 그러면 그 길이는 피타고라스 정리에 의하여 $\sqrt{5}$ 이다. 이것은 약 2.236이다.

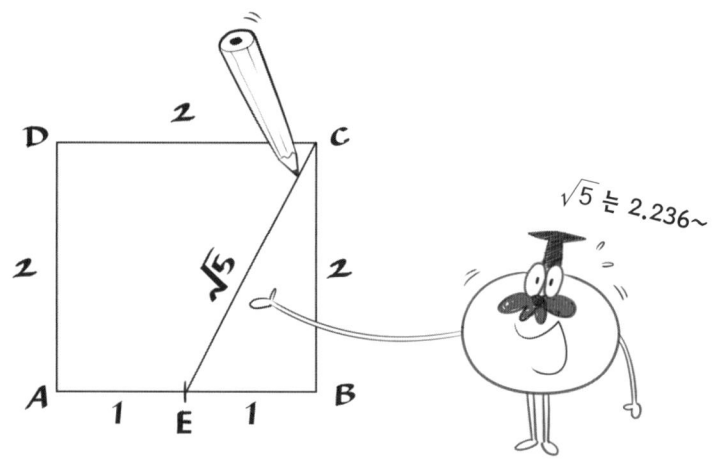

직선 AB를 F까지 연장하는데 이 때 점 E에서 점 F까지의 거리는 $\sqrt{5}$ 가 되도록 점 F를 잡는다. 그러면 직사각형 AFGD의 변의 비율은 2 : $\sqrt{5}$ 이다. 이것은 황금비이고 이 사각형을 황금사각형 이라고 한다.

이제 5의 다른 성질을 알아보자.

한때 아주 유행했던 테트리스(Tetris)라는 게임이 있다.

테트리스는 4개의 정사각형으로 만들 수 있는 여러 가지 모양으로 차곡차곡 벽돌을 쌓는 게임이다.

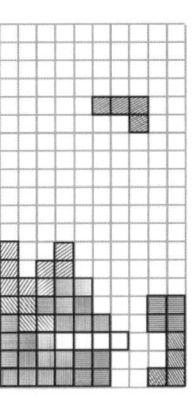

이 게임에 사용되는 가능한 모양의 블록은 모두 5개이다.

테트리스에서 사용되는 블록을 만드는 것과 같은 방법으로 5개의 정사각형을 변끼리 이어 붙여 만들 수 있는 블록은 몇 개일까?

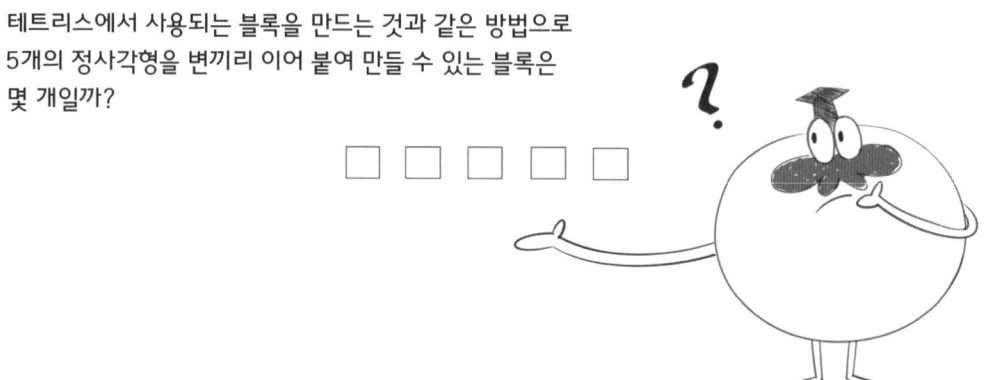

블록은 모두 12개의 모양이 가능하며, 테트리스처럼 12개의 블록을 빈틈없이 쌓아올리거나 특별한 모양을 만드는 게임을 펜토미노(pentominoes) 게임이라고 한다. 이 게임에서 사용되는 블록과 비슷한 모양의 알파벳으로 펜토미노 블록의 이름을 붙이기도 한다.

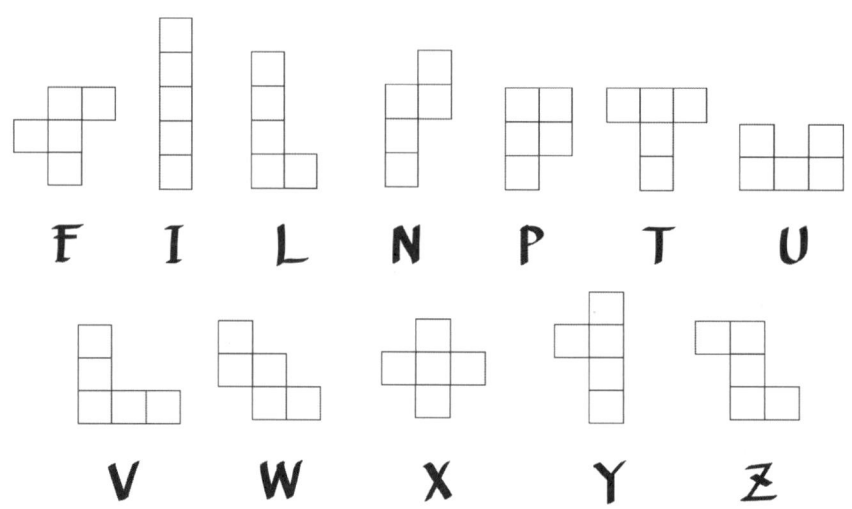

펜타드는 베시카 피시스를 통해 오각형과 별, 소용돌이 나선, 그리고 3차원적으로는 플라톤의 입체 중 정오각형 면을 12개 가진 정12면체로 나타난다.

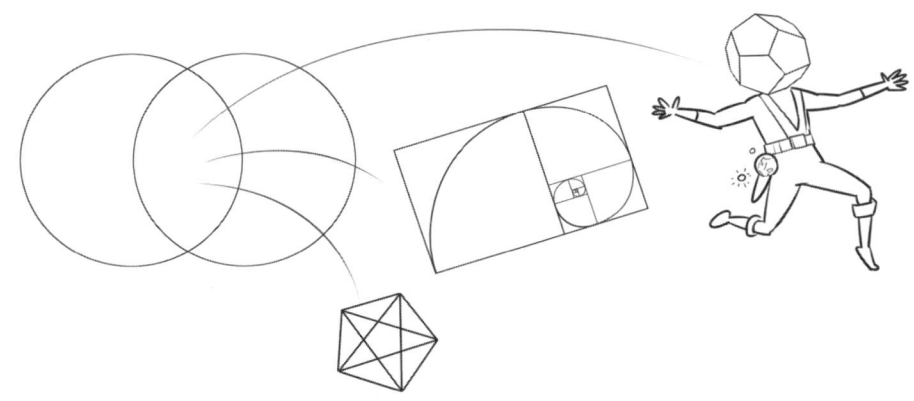

정오각형은 생명을 나타내는 상징으로 식물과 동물 그리고 사람을 포함해 많은 생명체에서 5와 관련된 모양을 찾을 수 있다.

이를테면 다섯 장의 꽃잎을 가진 식물,

인간의 몸통에서 뻗어 있는 머리와 두 손 그리고 두 발의 다섯 갈래,

사과와 같은 과일의 단면에 나타나 있는 정오각형의 대칭성은
생명의 본질에 대한 심오한 직관과 사람들에게 미친 심리적
영향 때문에 오랫동안 높이 받들어져 왔다.

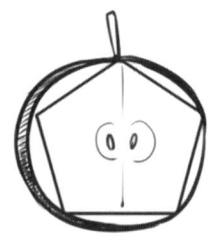

특히 우리나라를 포함한 동양에서
5는 특별한 의미를 지닌다.

동양에서는 사람의 길흉화복을 점칠 때, 5개의 행성인 화성, 수성, 목성, 금성, 토성을 사용했다.

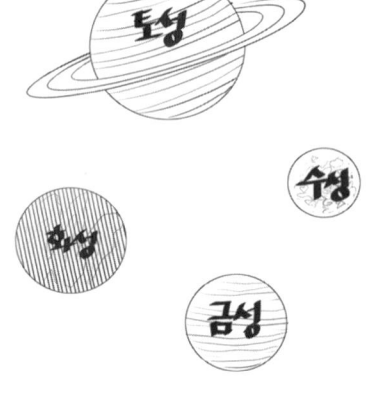

이를 바탕으로 오행설이 등장했는데,
오행은 하늘이 운행하는 목화토금수의
다섯 단계를 말한다.

중국의 춘추전국시대에 추연(鄒衍)이라는
사람은 오행으로 왕조 교체를 설명하기도 했다.

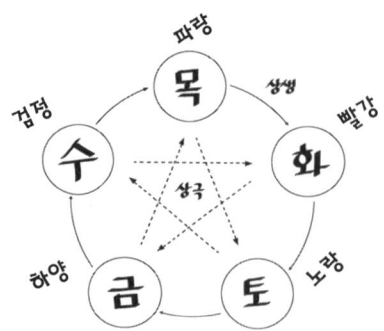

인간의 신체, 입맛, 방위, 음(音), 색까지도
모두 오행을 바탕으로 배분했다.

이처럼 대상을 모두 수로 나타내고 그것을 5개로 나누는 오행설 분류법은 자연 현상뿐만 아니라 정치, 사회의 각 부문에까지 널리 영향을 미쳤다.

5를 신비화한 수리사상은 철학적인 문제에 그치지 않고 일반 사람들의 일상생활을 다스리는 행동 지침이 돼 왔다.

지금도 그 원리를 잘 알지 못하면서 사주를 보고 작명가를 찾는 것은 이 때문이다.

또 5개의 행성인 화성, 수성, 목성, 금성, 토성은 오늘날에는 일주일을 나타내는 요일의 이름이기도 하다.

특히 불교에서는 심장에는 네 가지 방향이 있고, 중심과 합해서 5라는 숫자가 되어 보편성을 상징한다.

7. 수 5와 황금비 125

PART 08

수
6과
메르센 소수

8. 수 6과 메르센 소수

10까지 가는 수의 여정 중에서 이제 절반을 지났다.

수를 연구하는 학자들은 수는 3에서 시작하여 9에서 끝난다고 생각한다.

그래서 6은 진짜 수 중에서 네 번째 수이다.

특이하게도 6은 여러 나라에서 발음이 비슷하다. 6은 이집트어로는 '사스', 아시리아어로는 '시사', 산스크리트어로는 '사스', 히브리어로는 '세쉬', 아라비아어로는 '시타', 켈트 계통의 아일랜드어로는 '세', 라틴어로는 '섹스', 이탈리아어로는 '세이', 독일어로는 '젝스', 에스파냐어로는 '세이스', 프랑스어로는 '시스', 러시아어로는 '셰스', 영어로는 '식스', 덴마크어로는 '섹스'라고 한다.

수 철학자들은 6을 '헥사드(Hexad)'라고 한다.

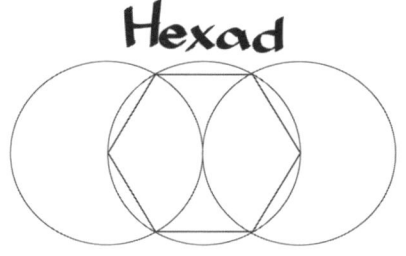

벌집부터 보도블록에 이르기까지 육각형으로 나타나는 수많은 자연현상과 인간의 디자인에서 6을 마주칠 때마다 우리는 어떤 원리가 작용하고 있음을 짐작할 수 있다.

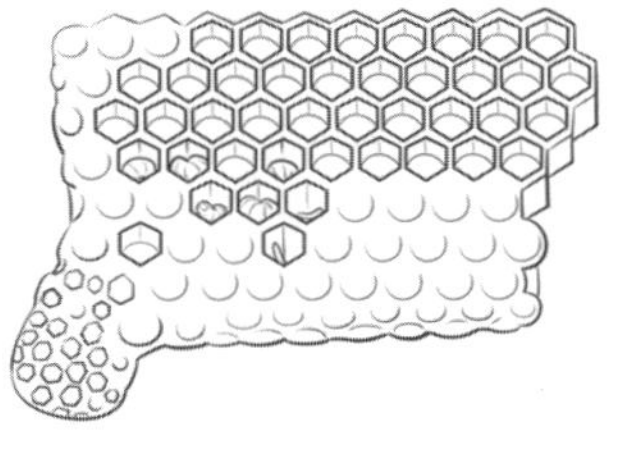

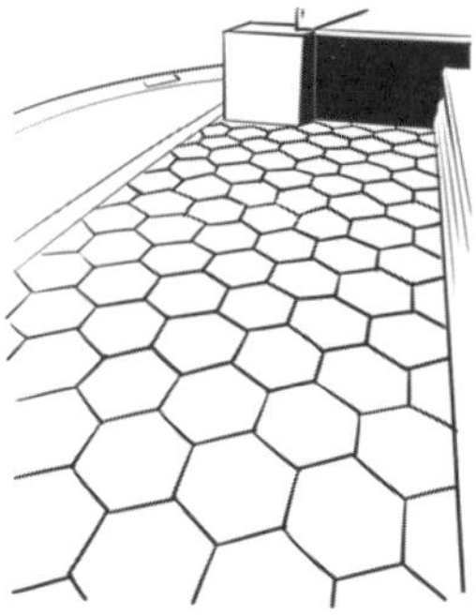

6은 원과 삼각형, 통일성과 삼위일체, 전체성과 균형 잡힌 구조와 밀접한 관계가 있다.

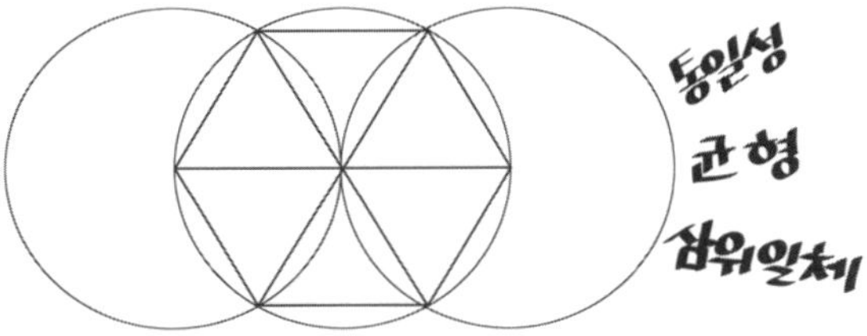

통일성
균형
삼위일체

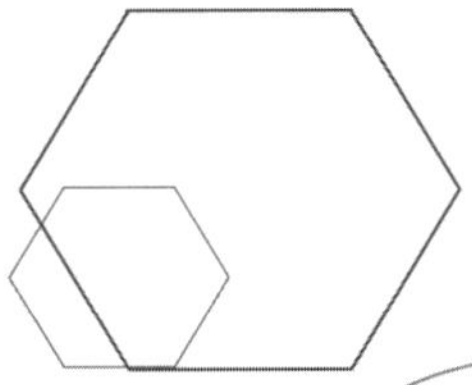

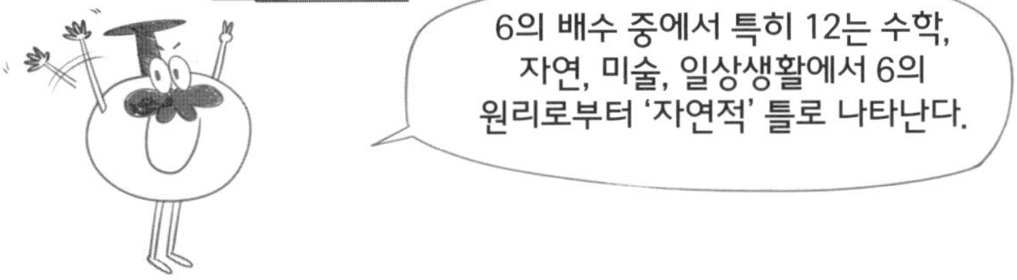

6의 배수 중에서 특히 12는 수학, 자연, 미술, 일상생활에서 6의 원리로부터 '자연적' 틀로 나타난다.

하늘 또는 우주를 나타내는 정십이면체의 12개의 면은 옛날의 황도 12궁과 관련이 있다. 일 년 동안 태양이 지나는 길목을 따라 12개의 서로 다른 전설을 갖고 있는 12궁이 있다. 태양은 일 년을 주기로 하늘을 여행하는데, 이 여행에 대한 여러 지역, 나라, 민족마다 고유한 이야기가 있고, 이런 이야기는 인류 문명의 초기 형태를 설명하며 수천 년 동안 전해 내려왔다.

수많은 별이 빛나는 하늘에 대한 이야기는 길가메시와
헤라클레스에 관한 12개의 서사시적인 전설이 있다.
즉, 길가메시의 12가지 시련과 헤라클레스의 12가지
과업이 그것이다.

가톨릭에서도 요한, 베드로, 야고보, 안드레, 다대오, 빌립, 시몬, 바돌로매, 마태, 맛디아,
알패오의 아들 야고보의 12 제자가 있다.

우리나라에는 쥐, 소, 호랑이, 토끼, 용, 뱀, 말, 양,
원숭이, 닭, 개, 돼지의 12 동물이 각각 일 년씩 돌아가며 지상
의 인간을 위해 일한다는 전설이 있다.

6은 특별한 수의 성질을
가지고 있기도 하다.

10 이내의 수 중에서 자기 자신과 다른 약수를 곱해서 나타나는 수는
단 두 개뿐이다. 6은 그중 맨 처음 나타나는 수이고, 두 번째 수가 10이다.

$$1 \times 2 \times 3 = 6 = 1 + 2 + 3$$

특히 6은 세 약수를 더한 것과 같은
수이기도 하다.

우리는 이런 수를 완전수라고 한다. 완전수에 대해서는 뒤에서 좀 더 자세히 알아보자.

트리아드인 3을 두 배 한 것이기 때문에 6은 트리아드의 균형 잡힌 구조의 원리를 지니고 있다.

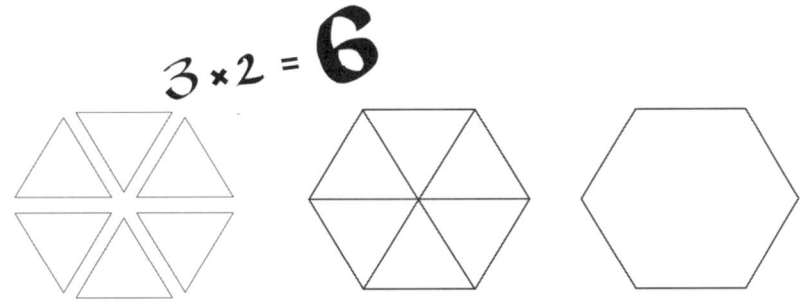

$$3 \times 2 = 6$$

특히 2와 3의 상호 작용으로 2 + 3 = 5, 2 × 3 = 6라는 사실로부터 고대 수 철학자들은
펜타트와 헥사드를 결혼을 나타내는 서로 다른 상징으로 보았다.

펜타드와 헥사드는 결혼이야!

달달하구만~

5와 6은 여성을 의미하는 2와 남성을 의미하는 3의 상호작용으로 생겨나기 때문이다.

난 여자   난 남자

더욱이 사람들의 부모처럼 자신과 똑같은 자손을 낳는 수는 5와 6뿐이다.

즉, 5를 거듭제곱한 수는 항상 끝자리 수다 5이다.

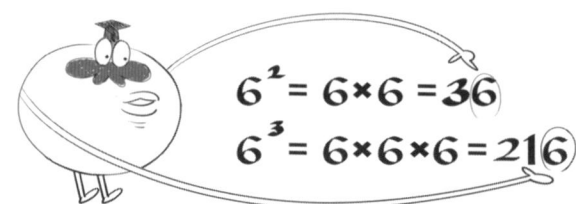

6을 거듭제곱한 수도 항상 끝자리가 6이다. 즉, 5와 6은 똑같은 자손을 낳는다.

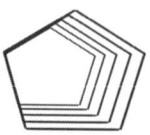

이런 성질 때문에 펜타드는 자기 재생을 생명체 속에서 표현하고, 헥사드는 스스로 보강되는 구조-작용-질서 속에서 자기 닮음을 표현한다고 생각했다.

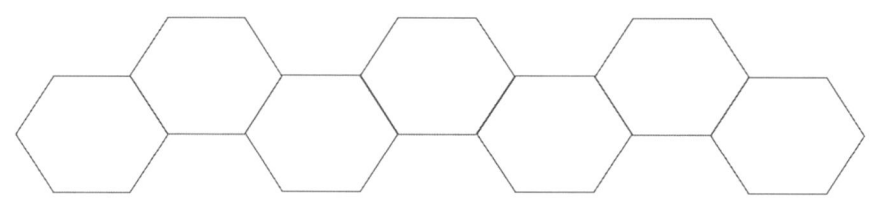

그래서 피타고라스학파는 6을 형태의 형태이자 닳지 않는 모루라고 불렀다.

헥사드는 때로는 피타고라스 삼각형 또는 12개의 매듭이 있는 밧줄을 사용하는 옛날 방식으로 만들어지는 3-4-5 직각삼각형으로 상징된다. 이 삼각형은 1부터 6까지의 수를 모두 지니고 있다. 하나의 직각과 두 개의 예각, 3-4-5의 변, 그리고 이 삼각형의 넓이 6이 그것이다.

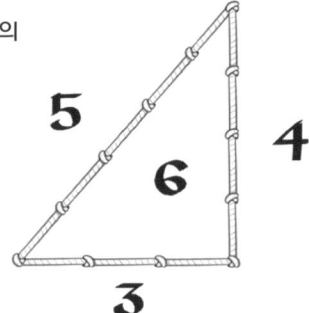

 수를 연구하는 학자들에게 6은 최초의 완전수이기 때문에 특히 중요하다.

완전수(完全數, perfect number)는 자신을 제외한 양의 약수를 모두 더하면 자기 자신이 되는 자연수이다. 약수 중에서 자신을 제외한 약수를 '진약수'라고 하는데 어떤 수의 진약수의 합이 원래의 수와 같을 때 그 수를 완전수라 한다. 이를테면 6의 진약수는 1, 2, 3이고 이들을 모두 더하면 1 + 2 + 3 = 6이므로 6은 완전수이다.

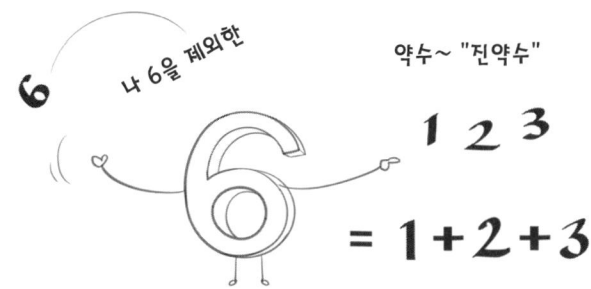

반면에 원래의 수보다 작을 때는 '부족수', 원래의 수보다 클 때는 '과잉수'라고 한다. 이를테면 8의 진약수는 1, 2, 4이고 1 + 2 + 4 = 7이므로 8은 진약수의 합이 자기 자신보다 작은 부족수이다. 또 12의 진약수는 1, 2, 3, 4, 6이고 1 + 2 + 3 + 4 + 6 = 16이므로 12는 진약수의 합이 자기 자신보다 큰 과잉수이다.

고대의 그리스 사람들은 네 개의 완전수 6, 28, 496, 8128를 발견하고, 이를 토대로 완전수에 대하여 두 가지를 추측했다.

첫 번째 완전수는 한 자리 수인 6, 두 번째는 두 자리수인 28, 세 번째는 세 자리 수인 496, 네 번째는 네 자리 수인 8128이고, 6, 8, 6, 8로 끝나기 때문에 그런 추측을 했다.

8. 수 6과 메르센 소수 133

그러나 다섯 번째, 여섯 번째 완전수를 발견하고 추측이 틀렸음을 알았다. 다섯 번째 완전수는 33550336으로 6으로 끝나지만 다섯 자릿수가 아니고 여덟 자릿수이다. 또 여섯 번째 완전수는 8589869056로 8로 끝나지 않고 6으로 끝난다.

수가 커질수록 완전수를 찾는 것은 쉽지 않다. 하지만 기원전 300년경 그리스 수학자인 유클리드는 『원론』이라는 2-1수학책에서 2^n-1이 소수이면 $2^{n-1}(2^n-1)$은 완전수라는 것을 증명했다. 이후 1700년대에 스위스의 수학자 오일러(Leonhard Euler, 1707~1783)는 짝수인 모든 완전수는 $2^{n-1}(2^n-1)$(단, $n \geq 2$인 자연수)의 형태임을 증명했다. 여기서 2^n-1을 만족하는 소수를 메르센 소수(Mersenne prime)라고 하는데, 메르센 소수와 완전수 사이에는 대응관계가 있음이 알려져 있다.

메르센 소수

메르센 수(Mersenne number)는 2의 거듭제곱에서 1이 모자란 수인 2^n-1을 가리킨다.

자연수 n에 대하여 메르센 수는 $M_n = 2^n - 1$로 나타내며, 처음 몇 개의 메르센 수는 다음과 같다.
1, 3, 7, 15, 31, 63, 127, 255, 511, 1023, 2047, 4095, 8191, 16383, 32767...

메르센 수 2^n-1

메르센 소수는 메르센 수 중에서 소수인 수이다.
예를 들면 3과 7은 둘 다 소수이고
$3 = 2^2 - 1$, $7 = 2^3 - 1$이므로 3과 7은 둘 다
메르센 소수이다.

3, 7은
메르센 소수!

그런데 15는 $15 = 2^4 - 1$이므로
메르센 수이기는 하지만 15가 소수가
아니므로 메르센 소수는 아니다.

메르센 수이지만
메르센 소수는 아님!

지금까지 알려진 매우 큰 소수중에는 메르센 소수가 매우 많이 있다.
3, 7, 31, 127, 8191, 131071, 524287, 2147483647, 2305843009213693951, …

그런데 메르센 소수가 무한히 많이 존재하는지,
아니면 그 개수가 정해져 있는지는 아직
알려지지 않았다.

몰라요~

이런 수에 메르센이란 이름이 붙은 이유는 프랑스의 철학자이자 물리학자이며 수학자인
마랭 메르센(Marin Mersenne, 1588~1648)이 이런 형태의 소수를 처음 소개했기 때문이다.

나 메르센이야!

1644년 메르센은 $M_n = 2^n - 1$ 형태가 소수가
되는 것은 257보다 작은 자연수 n이
$n = 2, 3, 5, 7, 13, 17, 19, 31, 67, 127, 257$일 때,
뿐이라고 발표하였다.

그러나 그의 주장은 옳지 않았음이 밝혀졌다. 그가 주장했던 수 중에서 목록에 포함되지 않은 M_{61}, M_{89}, M_{107}은 소수이고, M_{67}, M_{257}은 합성수로 밝혀졌다.

비록 메르센의 주장에 오류는 있으나, 그의 연구는 $2^n - 1$꼴의 소수에 대해 탁월한 성과를 얻은 것이어서 이후 이러한 꼴의 수를 메르센 수로 부르게 되었다.

메르센 수 $M_n = 2^n - 1$이 소수라면, n도 소수이다. 그러나 n이 소수라고 해서 M_n이 소수인 것은 아니다. 예를 들어 M_{11}은 $2^{11} - 1 = 2407 = 23 \times 89$로 합성수이다.

메르센 소수를 찾기는 쉽지 않은 일이다. 스웨덴의 한 수학자가 1957년에 컴퓨터를 이용하여 18번째의 메르센 소수를 발견한 이후, 현재는 컴퓨터를 활용하여 새로운 메르센 소수를 찾고 있다.

1961년에 후르비츠(Alexander Hurwitz)가 M_{4253}과 M_{4423}을 발견한 이후로는 지수의 차이가 더 커져서 길리스(Donald Bruce Gillies)가 일리노이 대학의 슈퍼컴퓨터를 이용하여 비로소 세 개의 새로운 메르센 소수 $M_{9689}, M_{9941}, M_{11213}$을 발견할 수 있었다. 일리노이 대학에서는 이 사실을 기념하여 우체국 소인에 $2^{11213} - 1$을 넣은 것으로 바꾸었다.

메르센 소수를 탐색하는 역사에서 흥미로운 발견 가운데 하나는 $M_{21701} = 2^{21701} - 1$이다.

이 거대한 소수는 6533 자릿수이고, 1978년에 18세의 고등학생 놀(Landon Curt Noll)과 니켈(Laura Nickel)이 발견하여 화제가 되었다.

컴퓨터의 성능이 비약적으로 발전하며 메르센 소수를 찾는 일도 활기를 띠었다. 슈퍼컴퓨터를 이용하여 메르센 소수를 찾는 데 가장 성공적이었던 인물은 슬로빈스키(David Slowinski)로 무려 일곱 개의 메르센 소수를 발견하는 데 관여하였다.

1990년대 후반부터는 인터넷을 이용하여 메르센 소수를 찾는 프로젝트인 GIMPS(Great Internet Mersenne Prime Search)가 시작되었다.
이 프로젝트는 참가자들이 할당받은 영역의 메르센 수 중에서 소수를 찾는 것이다 .이 프로젝트에 싶다면 GIMPS에서 제공하는 프로그램을 본인의 컴퓨터에 설치하여 진행하면 된다.

다음 표는 2020년 6월까지 찾은 메르센 소수의 목록이다.

연번	n	M_n의 자리 수	발견 연도
1	2	1	---
2	3	1	---
3	5	2	---
4	7	3	---
5	13	4	1456
6	17	6	1588
7	19	6	1588
8	31	10	1772
9	61	19	1883
10	89	27	1911
11	107	33	1914
12	127	39	1876
13	521	157	1952
14	607	183	1952
15	1279	386	1952
16	2203	664	1952
17	2281	687	1952
18	3217	969	1957
19	4253	1281	1961
20	4423	1332	1961
21	9689	2917	1963
22	9941	2993	1963
23	11213	3376	1963
24	19937	6002	1971
25	21701	6533	1978
26	23209	6987	1979
27	44497	13395	1979
28	86243	25962	1982
29	110503	33265	1988
30	132049	39751	1983
31	216091	65050	1985
32	756839	227832	1992
33	859433	258716	1994
34	1257787	378632	1996
35	1398269	420921	1996
36	2976221	895932	1997
37	3021377	909526	1998
38	6972593	2098960	1999
39	13466917	4053946	2001
40	20996011	6320430	2003
41	24036583	7235733	2004
42	25964951	7816230	2005
43	30402457	9152052	2005
44	32582657	9808358	2006
45	37156667	11185272	2008
46	42643801	12837064	2009
47	43112609	12978189	2008
48	57885161	17425170	2013
49	74207281	22338618	2016
50	77232917	23249425	2017
51	82589933	24862048	2018

43번째 수인 $M_{30,402,457}$과 49번째 $M_{74,207,281}$ 수인 사이에 아직 발견되지 않은 다른 메르센 소수가 있는지는 아직 알려져 있지 않다.

그래서 메르센 소수의 번호는 바뀔 수도 있다.

메르센 소수가 작은 것부터 차례로 발견되는 것은 아니다. 예를 들어, 29번째 메르센 소수는 30번째와 31번째 소수의 발견 이후에 발견되었다.

$M_{46,643,801}$는 2009년 4월 12일 컴퓨터에 의해 처음 발견되었지만 6월 4일까지 이 사실을 아무도 몰랐다. 그래서 $M_{46,643,801}$의 발견일을 4월 12일 또는 6월 4일로 간주한다.

$M_{74,207,281}$도 2015년 9월 17일 컴퓨터에 의해 처음 발견되었지만 2016년 1월 7일까지 이 사실을 아무도 몰랐다. 그래서 74,207,281의 발견일을 2015년 9월 17일 또는 2016년 1월 7일로 간주한다.

$M_{74,207,281}$은 무려 22,338,618 자리에 달하는 수이며 만약 4초 동안 10자리를 쓰는 속도로 이 소수를 종이에 써간다면 무려 3개월이 걸린다고 한다.

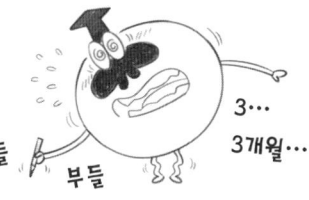

8. 수 6과 메르센 소수   139

가장 최근에 발견된 $M_{82,589,933}$는 무려 24,862,048 자릿수이다. 이 메르센 소수를 책으로 만든다면 책은 몇 권이나 될까?

보통 책의 한 줄에 100개의 숫자를 쓸 수 있다고 하자.

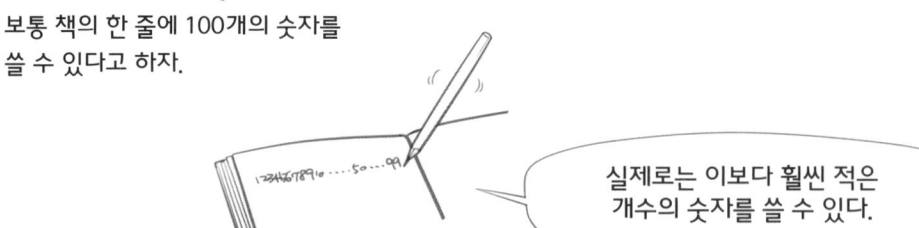

실제로는 이보다 훨씬 적은 개수의 숫자를 쓸 수 있다.

한 장에 모두 40줄이 있다고 한다면 한 장에는 4000개의 숫자를 쓸 수 있다.

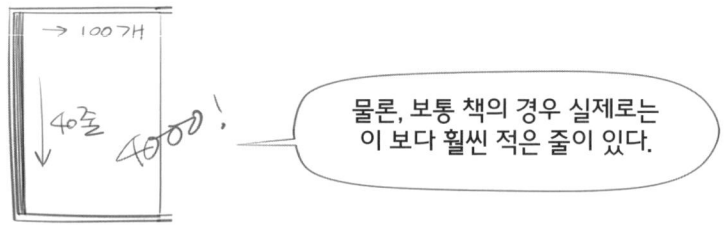

물론, 보통 책의 경우 실제로는 이 보다 훨씬 적은 줄이 있다.

보통 책은 한 권에 약 250쪽이 있으므로 결국 책 한 권에는 모두 250 × 4,000 = 200,000개의 숫자를 인쇄할 수 있다.

$M_{82,589,933}$는 24,862,048 자릿수이므로 24,862,048 ÷ 200,000 = 12.43102이다. 따라서 한 개의 메르센 소수 $M_{82,589,933}$을 책으로 펴내기 위해서는 250쪽짜리 13권이 필요하다.

13권

내가 찾았어!

메르센 소수 $2^n - 1$을 찾으면 완전수도 찾을 수 있다. 1700년도에 오일러는 짝수인 모든 완전수의 실체를 발견했다.

n이 2보다 큰 자연수에 대하여 p가 짝수인 완전수일 필요충분조건은 $p = 2^{n-1}(2^n - 1)$이며 2^{n-1}은 소수이다

처음 12개의 완전수는 다음과 같다. 각각의 완전수의 끝숫자를 유심히 관찰해보면 완전수의 마지막 숫자는 6 또는 28로 끝나고, 자릿수가 급격히 커짐을 알 수 있다.

6
28
496
8128
33550336
8589869056
137438691328
2305843008139952128
2658455991569831744654692615953842176
191571942608236107294793378084303638130997321548169216
13164036458569648337239753460458722910223472318386943117783728128
14474011154664524427946373126085988481573677491474835889066354349131199152128

짝수 완전수가 어떻게 생겼는지는 완전히 밝혀졌지만, 홀수인 완전수가 있는지 어떤지는 수학에서 아직도 해결하지 못하고 있는 유명한 미해결 문제이다. 홀수 완전수는 아직까지 단 하나도 발견되지 않았으며, 홀수 완전수가 존재하는지 존재하지 않는지도 전혀 알려져 있지 않다. 현재 홀수 완전수에 대해서는 다음과 같은 세 가지 결과가 알려져 있다.

1. 홀수 완전수가 존재한다면, 10^{1500} 보다 크다.

2. 홀수 완전수가 존재한다면, 가장 큰 소인수는 10^8보다 크다.

3. 홀수 완전수가 존재한다면, 이 수는 적어도 101개의 소수들의 곱이며, 그 가운데 적어도 9개의 소수는 서로 다르다.

대부분의 수학자들은 홀수 완전수가 존재하지 않을 것으로 생각하고 있다.

하지만 수학자들의 예상과 달리 거대한 홀수 완전수가 발견될 가능성도 전혀 없는 것은 아니다.

그래서 지금도 수학자들은 이 문제를 해결하기 위하여 열심히 완전수를 연구하고 있다.

홀수 완전수 어디있니~

한편, 4세기부터 5세기에 살았던 성 아우구스티누스(Aurelius Augustinus)는 그의 저서 『신국(The city of God)』의 제11권 30장에서 완전수에 대하여 다음과 같이 쓰고 있다.

하느님의 천지창조는 6일 동안에 완성되었다. 왜냐하면 6이 완전수이기 때문이다. 하느님이 한 번에 이 세상을 창조할 수 없어서 긴 시간이 필요했던 것이 아니고 창조하는 일이 수 6에 의하여 완전한 의미를 갖게 하기 위함이었다.

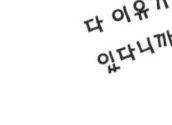
다 이유가 있다니까

6의 대표적인 표현은 육각 별이다. 이 별은 전세계의 종교와 전설에서 매우 중요한 상징으로 사용되었다.

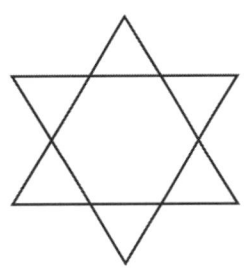

이슬람의 전설에 따르면 솔로몬은 육각 별을 이용하여 정령을 마술적으로 붙잡았다고 전해진다.

유대인들은 육각 별을 '다윗의 방패'라 했으며, 때로 이 별을 '다윗의 별'이라고 불렀다.

힌두교에서 육각 별은 브라마, 시바와 함께 힌두교의 3대 신인 비슈누를 상징한다.

육각 별은 수학적으로도 흥미로운 성질이 있다. 육각 별의 꼭짓점을 이으면 정육각형이 되고, 정육각형에 외접하는 원의 지름은 육각 별의 내부 작은 정육각형에 내접하는 원의 지름의 두 배이다.

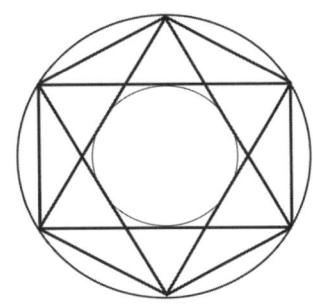

8. 수 6과 메르센 소수 143

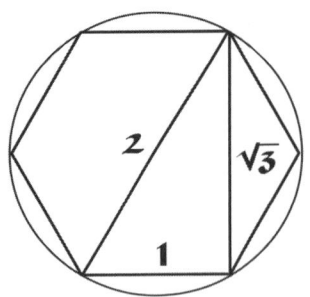
정육각형은 그 속에 세 가지 거리를 포함하고 있다. 변의 길이, 대각선의 길이, 하나씩 건너뛴 꼭짓점 사이의 거리는 각각 $1, \sqrt{3}, 2$이다. 다음 그림에서 이 세가 길이는 정육각형 내부에 존재하는 직각삼각형의 세 변에 해당한다는 것을 알 수 있다. 이것들은 각각 원, 직선, 삼각형과 연관된 수이다.
즉, 정육각형은 모나드, 디아드, 트리아드의 원형적 원리들 사이의 관계를 눈에 보이게 드러낸다.

이와 같은 육각형은 생물과 무생물 모두에서 흔히 볼 수 있다. 눈의 결정 또는 사과와 같은 과일의 단면은 육각형 구조를 하고 있다.

각종 바이러스나 곤충의 눈에서도 육각형을 찾을 수 있다.

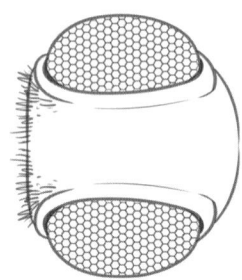

또 여러 가지 화학물질에서도 육각형 구조를 쉽게 찾아볼 수 있다.

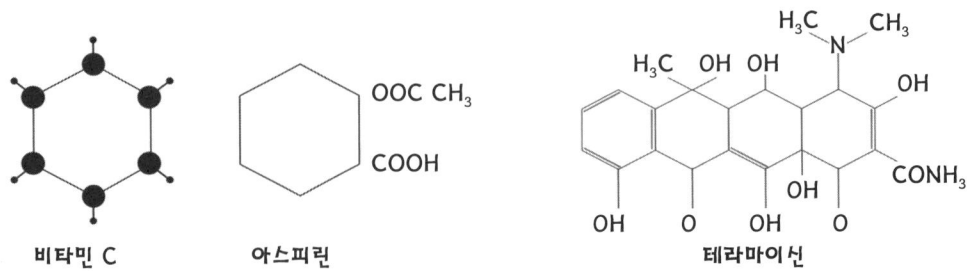

비타민 C   아스피린   테라마이신

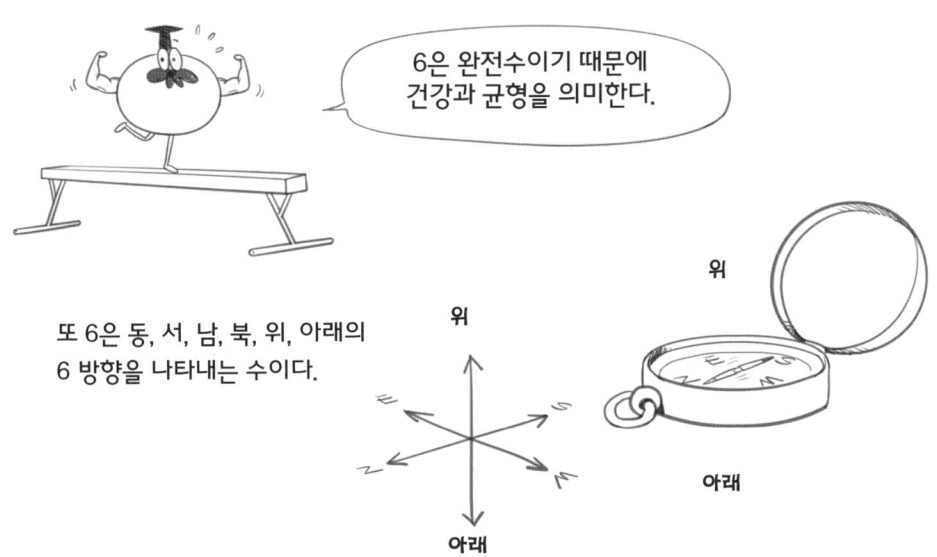

두 수 a, b의 산술평균 $A = \dfrac{a+b}{2}$, 기하평균 $G = \sqrt{ab}$, 조화평균 $H = \dfrac{2ab}{a+b}$ 를 다룰 때 가장 많이 이용되는 수가 6이다.

6과 12의 산술평균은 $\dfrac{6+12}{2} = 9$, 3과 12의 기하평균은 $\sqrt{3 \times 12} = \sqrt{36} = \sqrt{6^2} = 6$,

3과 6의 조화평균은 $\dfrac{2 \times 3 \times 6}{3+6} = \dfrac{36}{9} = 4$이다.

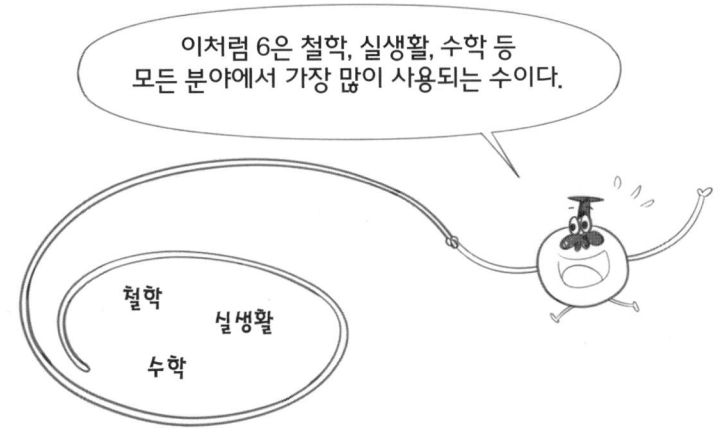

PART 09

수 7과 순환소수

9. 수 7과 순환소수

7은 고대에 가장 우수한 수로 평가받던 수이다.

7을 헵타(hepta)라고 부른 그리스인들은 존경이라는 뜻의 세보(sebo)라는 별명을 붙여주었다고 한다.

신화, 전설, 마술, 미신 등에서 7은 항상 중요한 수로 등장한다.

거룩한 '성좌 앞의 일곱 천사'에서부터 세속적인 '7년째의 권태기'에 이르기까지 7은 우리 생활 깊숙이 들어와 있다.

아마도 사람들에게 행운의 수를 꼽으라면 대부분 7이나 3이라고 할 것이다.

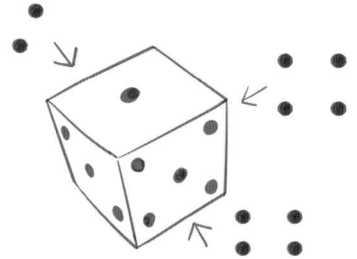

또 주사위의 두 반대면을 더하면 항상 7이다.

특히 1주일은 7일이다. 영어의 일주일(week)은 '우리가 가는 순서'라는 뜻의 고트어 위코(wiko)와 '축제'를 뜻하는 이집트어 우아크(uak)에서 유래했다고 한다.

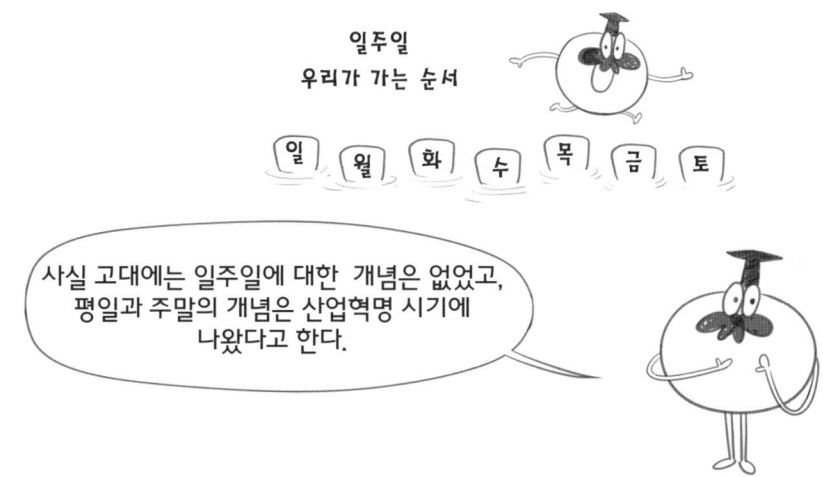

수 철학자들은 수 7을 '헵타드(Heptad)'라고 한다. 정칠각형은 기하학의 두 가지 도구인 눈금 없는 자와 컴퍼스만으로는 작도할 수 없는 정다각형 중에서 변의 수가 가장 적은 것으로 알려져 있다. 즉, 다른 모양들처럼 베시카 피시스를 통해 탄생할 수 없다. 하지만 대략적인 모양을 작도하는 것은 가능하다.

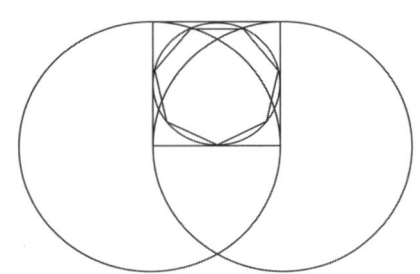

7은 10까지의 어떤 다른 수를 이용하여도 만들어 낼 수 없는 수이다.

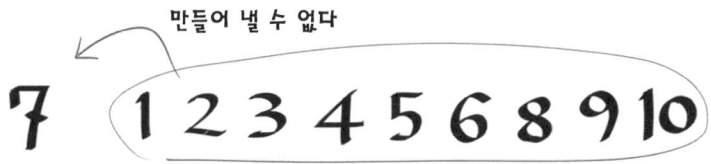

또 어떤 다른 수에 의하여 나누어지지도 않는다.

7 ∤ 1 2 3 4 5 6 8 9 10

9. 수 7과 순환소수

그래서 7은 '요새' 또는 '아크로폴리스'를 나타내고, 자연에서의 질서를 나타낸다.

달의 일곱 개의 상, 아틀라스의 일곱 딸인 플레이아데스, 머리, 목, 몸통, 두 팔, 두 다리의 일곱 부분으로 나뉜 사람의 몸,

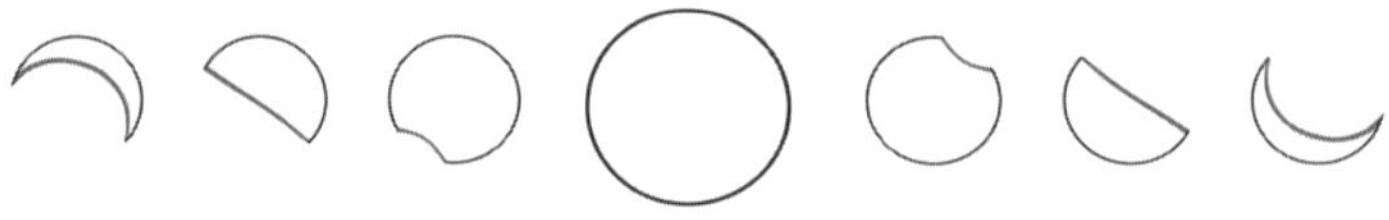

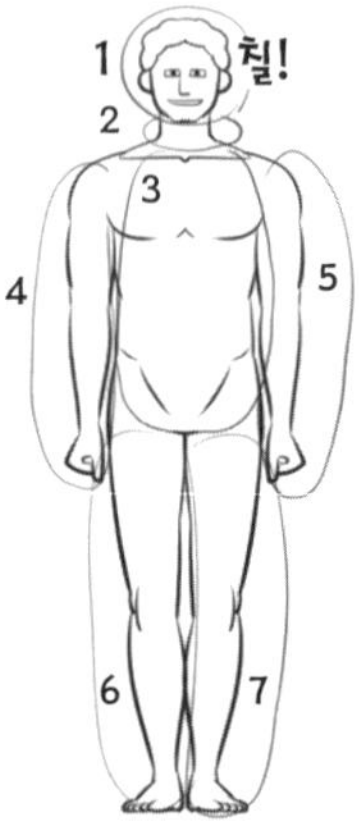

고대 그리스의 일곱 줄의 리라,

유아기, 아동기, 소년기, 청년기, 성년기, 장년기, 노년기의 일곱 단계로 나뉜 인간의 일생 등을 예로 들 수 있다.

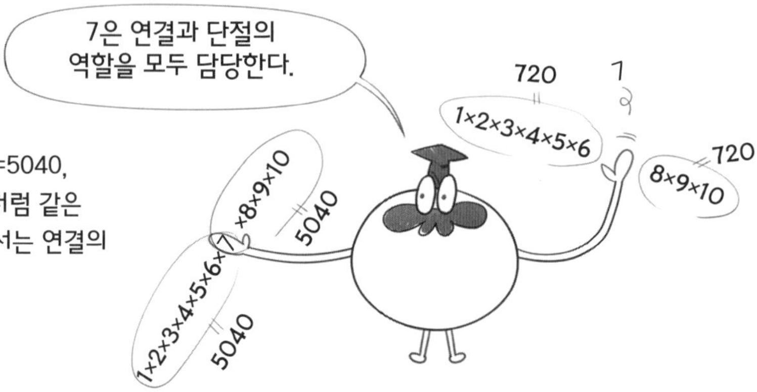

7은 연결과 단절의 역할을 모두 담당한다.

1×2×3×4×5×6×7=5040, 7×8×9×10=5040처럼 같은 값을 갖는다는 점에서는 연결의 역할을 하고,

7을 빼고 1×2×3×4×5×6이 8×9×10과 같이 720이 된다는 점에서는 단절의 역할을 한다.

옛날 사람들은 7을 '처녀 수'라고 불렀다.

1부터 10까지의 수 중에서 2는 4와 6과 8과 10을 나누고, 3은 6과 9, 4는 8, 5는 10을 나눌 수 있고, 6은 2와 3, 8은 2와 4, 9는 3, 10은 2와 5를 약수로 갖고 있다. 10 안에서 1을 제외한 모든 수가 서로 연관되어 있지만 7은 7보다 작은 어떤 수로도 7을 만들 수도 나눌 수도 없다. 즉, 7은 10보다 작은 다른 어떤 수에 의해서도 나누어지거나, 다른 수를 나누지 않기 때문에 처녀 수라고 한다.

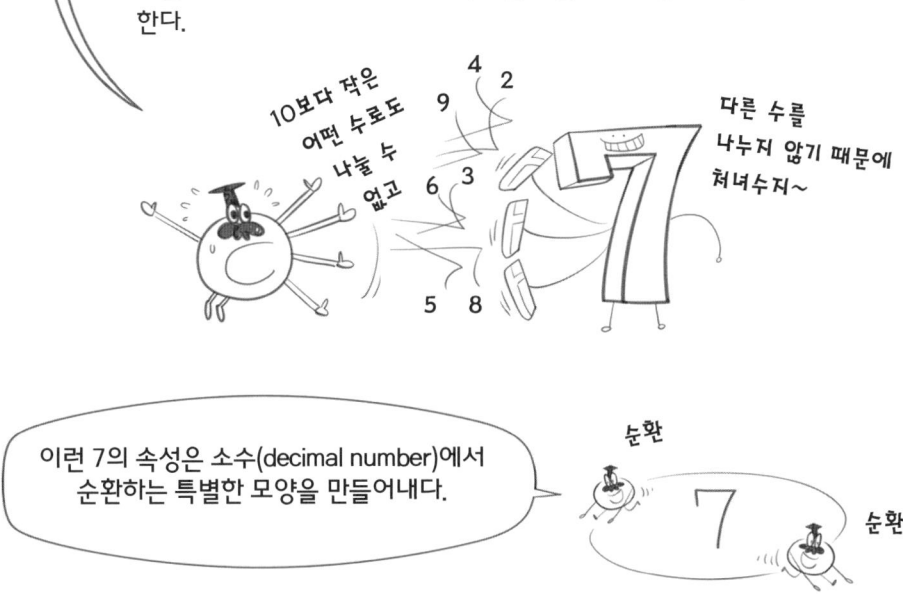

이런 7의 속성은 소수(decimal number)에서 순환하는 특별한 모양을 만들어내다.

유리수는 $a, b(b \neq 0)$가 정수인 분수 $\dfrac{a}{b}$ 의 꼴로 나타낼 수 있다. 이때 $\dfrac{a}{b} = a \div b$ 이므로 분자를 분모로 나누면 분수를 정수 또는 소수로 나타낼 수 있다.

예를 들어 $\dfrac{7}{20}, \dfrac{1}{3}, \dfrac{1}{2}, \dfrac{7}{110}$ 을 각각 소수로 나타내면 다음과 같다.

$$\dfrac{7}{20} = 7 \div 20 = 0.36, \quad \dfrac{1}{3} = 1 \div 3 = 0.333\cdots$$

$$\dfrac{1}{2} = 1 \div 2 = 0.5, \quad \dfrac{7}{110} = 7 \div 110 = 0.0636363\cdots$$

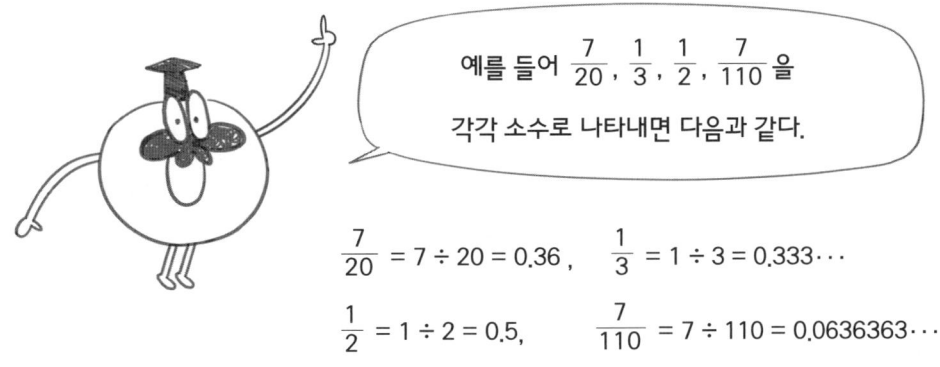

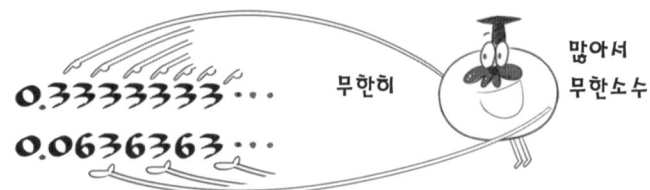

이때 0.35, 0.5와 같이 소수점 아래의 0이 아닌 숫자가 유한개인 소수를 유한소수라 하며,

0.333…, 0.0636363…과 같이 소수점 아래의 0이 아닌 숫자가 무한히 많은 소수를 무한소수라고 한다.

무한소수 중에서 0.333…, 0.0636363…과 같이 소수점 아래의 어떤 자리부터 일정한 숫자의 배열이 끝없이 되풀이되는 것을 순환소수라 하며, 이때 되풀이되는 한 부분을 순환마디라고 한다.
예를 들어 무한소수 2.415415415…는 순환마디가 415인 순환소수이다.

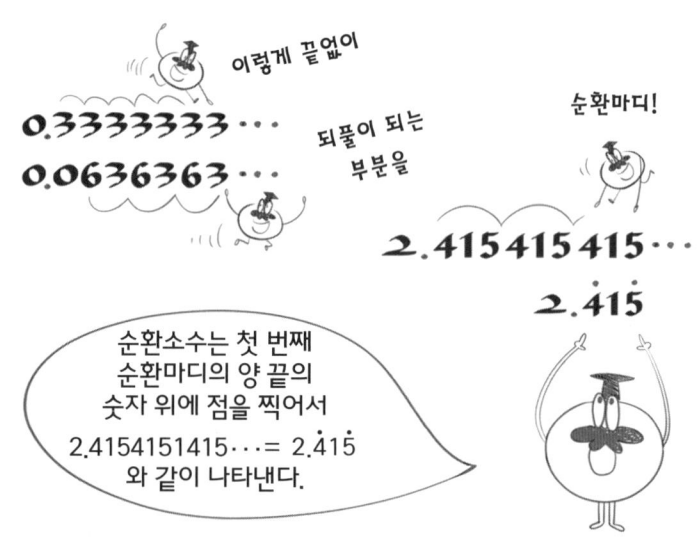

예를 들어 다음은 순환마디에 점을 찍어 순환소수를 간단히 나타낸 것이다.

❶ $0.888\cdots = 0.\dot{8}$ ❷ $0.737373\cdots = 0.\dot{7}\dot{3}$ ❸ $-0.5666\cdots = -0.5\dot{6}$

한편, 원주율 $\pi = 3.14159265\cdots$ 나 0.1010010001…과 같이 순환하지 않는 무한소수도 있다.

유한소수 0.6, 1.33, 0.793은 다음과 같은 분모가 10의 거듭제곱의 꼴인 분수로 나타낼 수 있다.

$$0.6 = \frac{6}{10}, \quad 1.33 = \frac{133}{100} = \frac{133}{10^2}, \quad 0.793 = \frac{793}{1000} = \frac{793}{10^3}$$

소인수가 2와 5뿐이네!

이때 각각의 분모를 소인수분해하면
$$10 = 2 \times 5, \quad 100 = 10^2 = 2^2 \times 5^2, \quad 1000 = 10^3 = 2^3 \times 5^3$$
과 같이 분모의 소인수가 2와 뿐5임을 알 수 있다.

한편 어떤 기약분수의 분모가 2 또는 5만을 소인수로 가지면 분자, 분모에 2 또는 5의 거듭제곱을 적당히 곱하여 분모를 10의 거듭제곱의 꼴로 고쳐서 유한소수로 나타낼 수 있다.

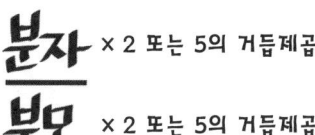 × 2 또는 5의 거듭제곱
× 2 또는 5의 거듭제곱

이를테면 $\frac{4}{5}$ 와 $\frac{7}{20}$ 은 다음과 같이 유한소수로 나타낼 수 있다.

$$\frac{4}{5} = \frac{4 \times \mathbf{2}}{5 \times \mathbf{2}} = \frac{8}{10} = 0.8$$

$$\frac{7}{20} = \frac{7}{2^2 \times 5} = \frac{7 \times \mathbf{5}}{2^2 \times 5 \times \mathbf{5}} = \frac{35}{100} = 0.35$$

결국, 분수를 기약분수로 나타내었을 때, 분모의 소인수가 2또는 5뿐이면 그 분수는 유한소수로 나타낼 수 있다.

다시 말하면, 분모에 2와 5 이외의 소인수가 있는 기약분수는 분모를 10의 거듭제곱의 꼴로 고칠 수 없으므로 유한소수로 나타낼 수 없다.

다음에서 유한소수로 나타낼 수 있는 것을 모두 찾아보자.

(1) $\dfrac{5}{8}$ (2) $\dfrac{7}{20}$ (3) $\dfrac{8}{45}$ (4) $-\dfrac{21}{70}$

분수를 기약분수로 나타낸 후, 분모를 소인수분해하면 다음과 같다.

(1) $\dfrac{5}{8} = \dfrac{5}{2^4}$

(2) $\dfrac{8}{45} = \dfrac{8}{3^2 \times 5}$

(3) $\dfrac{7}{60} = \dfrac{7}{2^2 \times 3 \times 5}$

(4) $-\dfrac{21}{70} = -\dfrac{3 \times 7}{10 \times 7} = -\dfrac{3}{10} = \dfrac{3}{2 \times 5} = -\dfrac{2}{7}$

따라서 기약분수로 나타내었을 때, 분모의 소인수가 2 또는 5뿐인 분수 $\dfrac{5}{8}$, $-\dfrac{21}{70}$은 유한소수로 나타낼 수 있다. 또 $\dfrac{8}{45}$와 $\dfrac{7}{60}$은 분모의 소인수가 2 또는 5 이외의 소인수가 있으므로 유한소수로 나타낼 수 없다. 즉, 무한소수로 나타난다.

이때, $-\dfrac{21}{70} = -\dfrac{3 \times 7}{2 \times 5 \times 7}$과 같이 분모가 2와 5 이외의 소인수를 가져도 유한소수가 되는 것이 있다. 따라서 유한소수로 나타낼 수 있는 분수를 찾기 위해서는 먼저 주어진 분수를 기약분수로 나타내어야 한다.

결국 기약분수로 나타내었을 때, 분모가 2와 5 이외의 소인수를 가지면 그 분수는 순환소수로 나타낼 수 있다.

예를 들어 $\frac{1}{7}$ 을 순환소수로 나타내 보자. $\frac{1}{7}$ 을 소수로 나타내기 위하여 분자를 분모로 나누면 소수점 아래 각 자리에서 나머지가

  3, 2, 6, 4, 5, 1, ⋯

의 순서대로 나타난다. 이때 나머지는 모두 7보다 작아야 하므로 적어도 7번째 안에는 같은 수가 다시 나타나게 되며, 그때부터 같은 몫이 되풀이된다.

따라서 $\frac{1}{7}$ 을 소수로 나타내면

$$\frac{1}{7} = 0.142857142857142857\cdots = 0.\dot{1}4285\dot{7}$$

과 같이 순환소수가 된다.

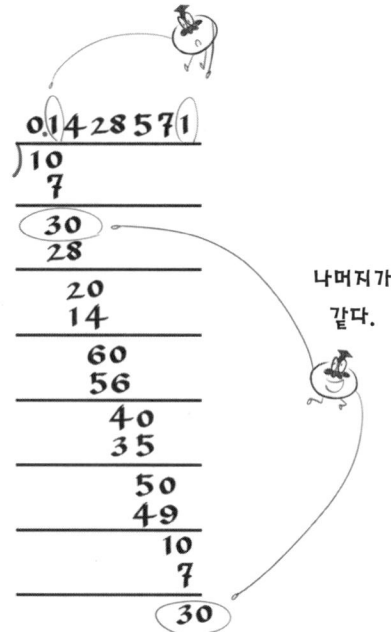

그런데 분모가 7인 분수 $\frac{1}{7}, \frac{2}{7}, \frac{3}{7}, \frac{4}{7}, \frac{5}{7}, \frac{6}{7}$ 의 순환마디에는 흥미로운 규칙이 있다.

각각의 분수를 무한소수로 나타내면 다음과 같다.

$$\frac{1}{7} = 0.142857142857142857\cdots$$

$$\frac{2}{7} = 0.285714285714285714\cdots$$

$$\frac{3}{7} = 0.428571428571428571\cdots$$

$$\frac{4}{7} = 0.571428571428571428\cdots$$

$$\frac{5}{7} = 0.714285714285714285\cdots$$

$$\frac{6}{7} = 0.857142857142857142\cdots$$

9. 수 7과 순환소수

즉 $\frac{1}{7}$ 의 순환마디 142857에서 분자에 따라 처음 나오는 수가 다음 그림과 같이 변하고, 순환마디는 142857에서 벗어나지 않는다.

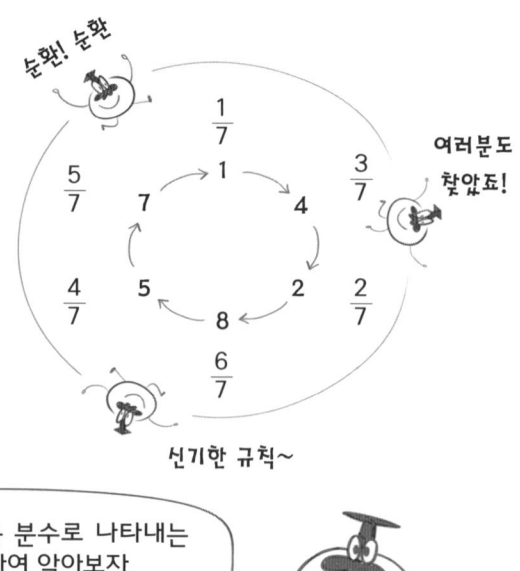

이제 순환소수를 분수로 나타내는 방법에 대하여 알아보자.

$0.7 = \frac{7}{10}$, $0.37 = \frac{37}{100}$, $0.377 = \frac{377}{1000}$ 처럼 유한소수는 분모가 10의 거듭제곱의 꼴인 분수로 나타낼 수 있다.

순환소수 0.171717⋯에 100을 곱한 수 17.171717⋯은 원래의 소수와 소수 부분이 같으므로 이 두 수의 차는 정수가 된다. 이 사실을 이용하면 순환소수를 분수로 나타낼 수 있다.

곱해서

$$0.171717\cdots \times 100 = 17.171717\cdots$$

$$17.171717\cdots - 0.171717\cdots = 17$$

빼면 정수 딱!

예를 들어 순환소수 $0.\dot{2}$를 x로 놓으면
  $x = 0.222\cdots$ ······①
이고, ①의 양변에 100을 곱하면
  $10x = 2.222\cdots$ ······②
이다.
②에서 ①을 변끼리 빼면

  $9x = 2$, 즉 $x = \dfrac{2}{9}$

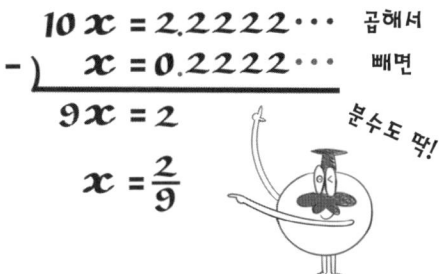

가 된다. 따라서 순환소수 $0.\dot{2}$를 분수로 나타내면 $\dfrac{2}{9}$이다. 이와 같은 방법으로 모든 순환소수는 분수로 나타낼 수 있다.

예를 들어 $0.\dot{3}\dot{5}$를 분수로 나타내기 위하여 $0.\dot{3}\dot{5}$를 x로 놓으면
  $x = 0.353535\cdots$ ······①
①의 양변에 100을 곱하면
  $100x = 35.353535\cdots$ ······②
②에 ①을 변끼리 빼면 $99x = 35$
  $x = \dfrac{35}{99}$

이번에는 $0.3\dot{4}\dot{7}$을 분수로 나타내 보자.

  $0.3\dot{4}\dot{7}$을 x로 놓으면 $x = 0.3474747\cdots$ ······①

①의 양변에 10, 1000을 각각 곱하면
  $10x = 3.474747\cdots$ ······②
  $1000x = 347.474747\cdots$ ······③

③에서 ②를 변끼리 빼면 $990x = 344$
  $x = \dfrac{344}{990} = \dfrac{172}{495}$

이번에는
양변에 각각
× 10
× 1000

그런데 위의 예에서 특별한 규칙을 발견할 수 있다.

순환소수 $0.\dot{3}\dot{5}$의 소수점 아래 숫자는 두 개이고, 순환마디는 35인 두 개의 숫자로 되어있다.

즉, $0.\dot{3}\dot{5}$을 분수로 바꾸면 $\frac{35}{99}$ 인데, 이때 이 분수의 분모99는 순환마디에 있는 숫자의 개수만큼 9를 썼고 분자에는 순환마디와 같다.

예를 들어 $0.\dot{7}$을 분수로 바꾸면 소수점 아래 숫자가 한 개이고 순환마디도 한 개이므로 분모에 9는 한 개다. 즉, $0.\dot{7} = \frac{7}{9}$

$$0.\dot{7} = \frac{7}{9}$$

한편, $0.3\dot{4}\dot{7}$을 분수로 나타내면 $0.3\dot{4}\dot{7} = \frac{344}{990}$ 이다. 이때 순환소수 $0.3\dot{4}\dot{7}$는 소수점 아래 숫자가 3개이고 순환마디는 47의 두 개의 숫자이므로 분모에 9를 두 개 쓰고 소수점의 나머지 한자리는 0을 쓴다. 즉 분모에 990을 쓴다. 분자에는 347에서 순환마디가 아닌 수 3을 빼면 347-3=344 를 쓴다. 즉, $0.3\dot{4}\dot{7} = \frac{347-3}{990} = \frac{344}{990}$

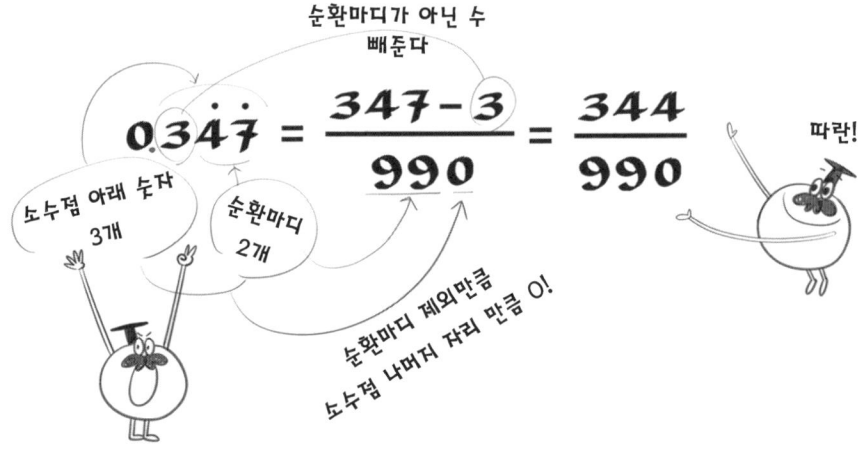

158

예를 들어 $0.2\dot{3}\dot{4}$는 소수점 아래 숫자와 순환마디가 모두 3개이므로 분수로 바꾸면 $\dfrac{234}{990}$이다.

그런데 $0.2\dot{3}\dot{4}$는 소수점 아래 숫자가 3개이고 순환마디는 34로 두 개이므로 분수로 바꾸면 $\dfrac{234-2}{990} = \dfrac{232}{990}$이다.

또 $1.09\dot{3}$의 경우 소수점 아래 숫자는 모두 3개이고 순환마디는 한 개이므로 분모에 9를 하나 쓰고 0을 두 개 쓴다. 분자에는 1093에서 순환마디가 아닌 수 109를 뺀다. 즉,

$$\dfrac{1093 - 109}{900} = \dfrac{984}{900}$$

지금까지 정수가 아닌 유리수를 소수로 나타내면 유한소수 또는 순환소수가 되고, 유한소수와 순환소수는 모두 a, $b(b \neq 0)$가 정수인 분수 $\dfrac{b}{a}$의 꼴로 나타낼 수 있으므로 유리수임을 알았다.

그래서 유리수!

결국 다음과 같은 두 가지 유리수와 순환소수의 관계를 얻을 수 있다.

❶ 정수가 아닌 모든 유리수는 유한소수 또는 순환소수로 나타낼 수 있다.
❷ 유한소수와 순환소수는 모두 유리수이다.

7에 대한 마지막 이야기는 신의 약속을 나타낸다고 알려진 무지개이다. 무지개는 7이 우리 눈앞에 가장 경이롭게 펼쳐지는 자연현상이다.

특히 뉴턴은 어두운 방에서 좁은 틈을 통해 들어온 햇빛이 프리즘을 통과하면 일곱 빛깔 무지개 스펙트럼으로 나타나는 것을 발견했다.

특히 햇빛은 구 모양의 물방울 속에서 두 번 굴절을 일으켜 방향을 바꾸면서 우리가 보는 색의 순서를 거꾸로 무지개를 만든다.

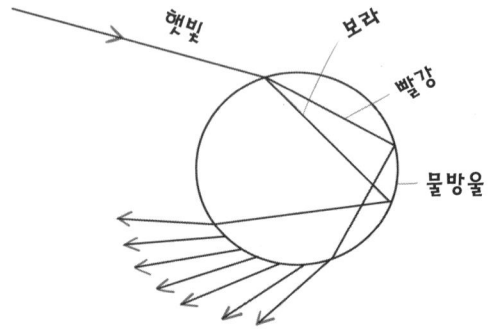

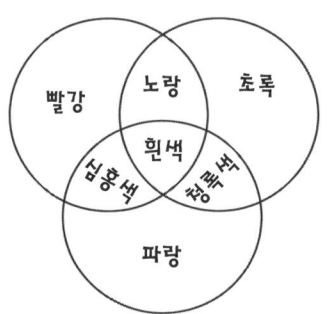

우리의 눈은 흰색과 검은색 이외에 빨강, 초록, 파랑에 인감하고, 세 가지 빛의 색은 일곱 가지 색을 만들어낸다.

PART 10

수 8과 피보나치 수열과 황금비

10. 수 8과 피보나치 수열과 황금비

역(易)은 태극(太極)이 있으니 이것은 음양(陰陽)을 낳고,
음양은 사상(四相, 생로병사)을 낳으며,
사상은 팔괘(八卦)를 낳는다.
팔괘는 길흉(吉凶)을 결정하고,
길과 흉은 위대한 사업을 낳는다.

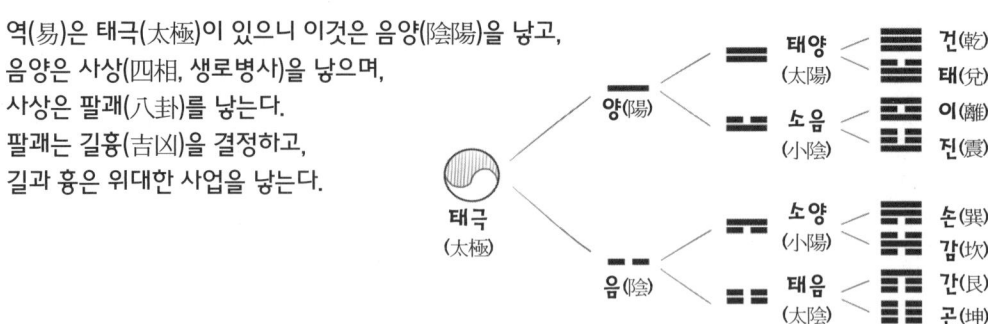

우리는 훼손되지 않은 처녀 수 7을 지나 7과는
전혀 다른 성질을 지닌 8에 도착했다.

7은 깨끗하고 정결한 수이므로 7에 비하면 8은
1부터 10까지의 수 중에서 다른 수보다 나누어
떨어지는 수가 많기 때문에 난잡한 수이다.

8은 1, 2, 4로 나누어떨어진다. 즉, 8의 진약수 1, 2, 4에 대하여
8 = 1 × 2 × 4 이로부터 8의 뿌리가 모나드(1)와 디아드(2)와 테트라드(4)에 있다는 것을 말해준다.

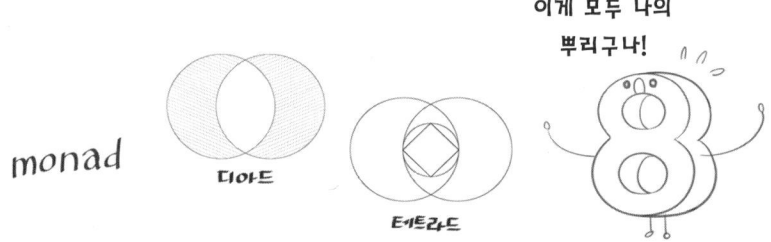

그래서 수 철학자들은 8을 '정의'와 '짝수성 짝수'라고 불렀다.

왜냐하면 8은 계속 절반씩 나누어 가면 결국 1이 되기 때문이다.
(8 ÷ 2 = 4, 4 ÷ 2 = 2, 2 ÷ 2 = 1)

이를테면 '홀수성 짝수' 6이나 10은 계속 절반씩 나누어 가더라도 1에 이르지 못한다.

$6 \div 2 = 3$
$10 \div 2 = 5$ 홀수~

그러나 이런 오명에도 불구하고 '옥타드(Octad)'라 불리는 8은 의미심장한 수이다.

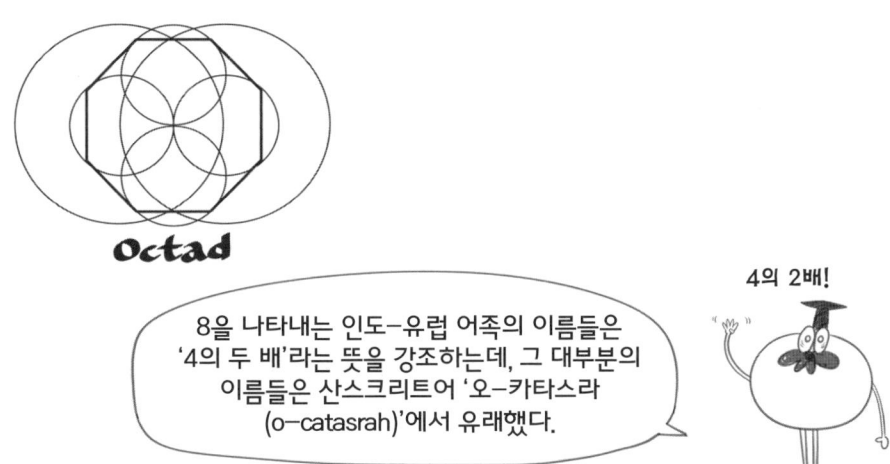

8을 나타내는 인도–유럽 어족의 이름들은 '4의 두 배'라는 뜻을 강조하는데, 그 대부분의 이름들은 산스크리트어 '오-카타스라 (o-catasrah)'에서 유래했다.

4의 2배!

그것이 그리스에서는 '옥타(okta)'가 되고, 라틴어에서는 '옥토(okto)'가 되었다.

o-catasrah → okta → okto

1과 2와 4에 뿌리를 두고 있다는 것은 8의 원형, 곧 옥타드가 모나드의 통일성, 팽창, 주기와 디아드의 양극성과 테트라드의 형체화의 원리들을 함께 지니며 물질의 형태가 응결한다는 것을 말해준다.

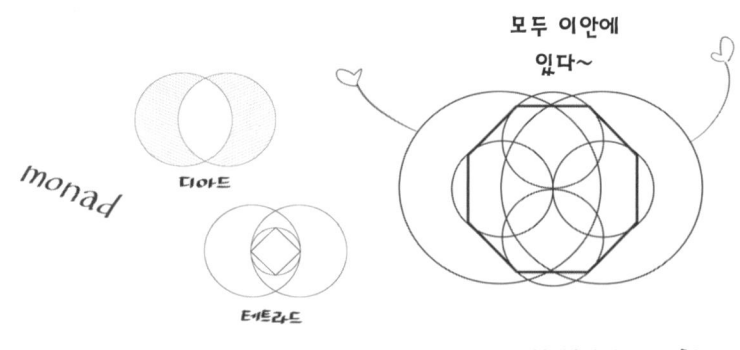

특히 8은 진정한 최초의 세 제곱수(2×2×2)로 안정되고 확고한 균형과 조화가 이루어진 우주의 모든 것을 나타낸다.

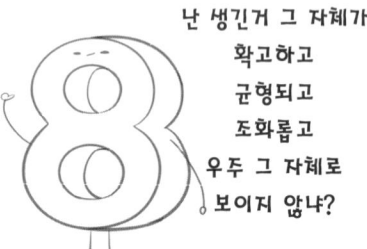

1부터 10까지의 수 중에서 1과 8만이 세 제곱수인데,

$$1 \times 1 \times 1 = 1$$
$$2 \times 2 \times 2 = 8$$

1은 자신을 세 번 곱한 것이고

8은 자신과는 다른 2를 세 번 곱한 것이다.

1과 8은 3차원 공간에 한 변의 길이가 각각 1과 2이고 부피가 1과 8인 정육면체로 투영된다.

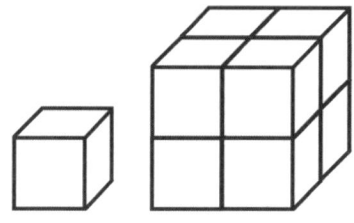

흥미롭게도 숫자 8을 옆으로 눕힌 것이 수학에서 무한을 나타내는 기호로 사용된다.

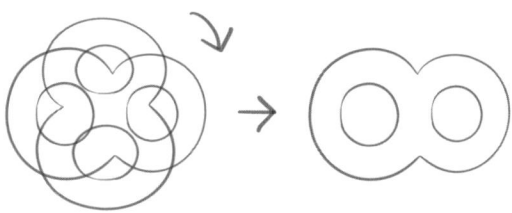

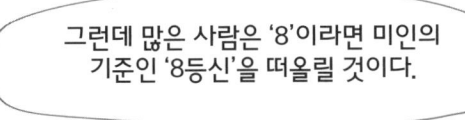

그리고 8등신 하면 떠오르는 예술작품으로 〈벨베데레의 아폴론〉과 〈밀로의 비너스〉이다. 이 작품은 신장의 반은 다리이고, 상반신의 반은 젖꼭지, 하반신의 반은 무릎이 되도록 구성되어있다. 또 신장은 머리 길이의 8배가 되고, 키 전체를 3:5로 나누는 위치에 사람의 중심이라고 할 수 있는 배꼽을 위치시켰다. 이것은 작품의 주인공을 황금비를 만족하는 8등신이 되도록 만든 것이다.

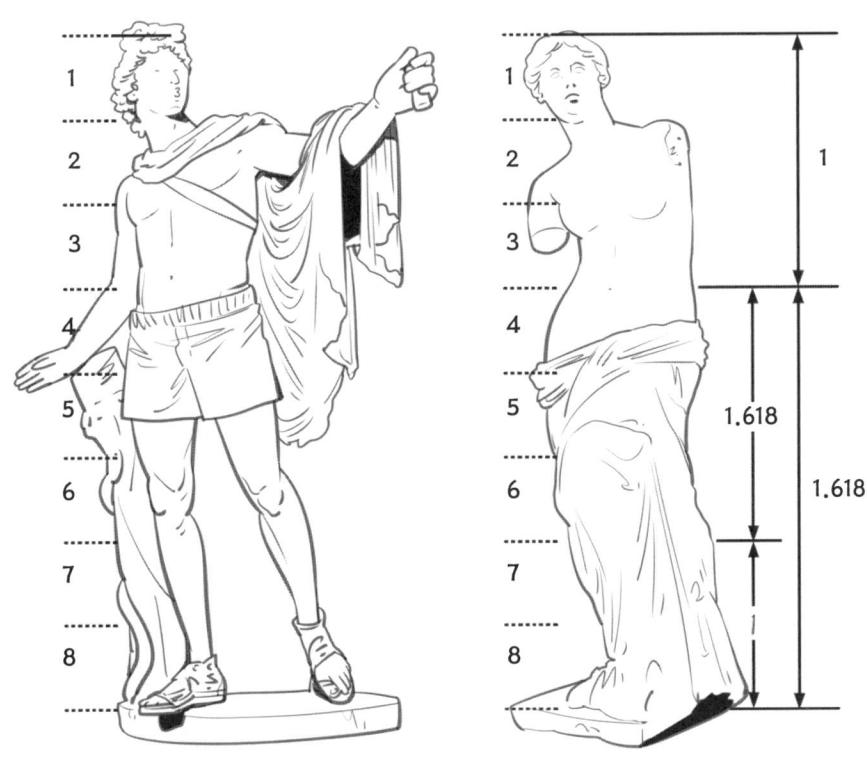

이와 같은 작품의 구성은 인체비례론에 근거하고 있고, 예술에서도 인간을 표현할 때 창조주의 설계도와 마찬가지로 정확한 비례를 사용해야 한다는 것이 인체비례론이다.

10. 수 8과 피보나치 수열과 황금비   165

인체비례론으로 가장 잘 알려진 것은 레오나르도 다빈치의 〈비트루비우스적 인간(Vitruvian Man)〉 또는 〈인체 비례도(Canon of Proportions)〉라는 소묘 작품이다. 다빈치는 이 작품에 대해 '두 팔을 벌린 길이는 신장과 같다. 만약 두 다리를 신장의 $\frac{1}{4}$ 만큼 벌리고 팔을 벌려 중지를 정수리 높이까지 올리면 뻗친 팔에 의해 형성된 원의 중심은 배꼽이 되며, 두 다리 사이의 공간은 정확한 이등변삼각형을 형성한다.'라 설명하고 있다.

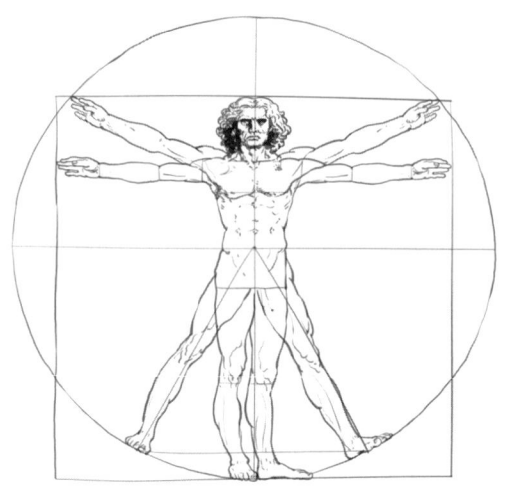

인체비례론에 따르면 두 팔을 가로로 벌렸을 때 전체 길이는 그 사람의 신장과 같고, 머리 길이의 8배가 신장과 같다. 또 손바닥의 폭을 신장과 비교하면 1:24가 된다.

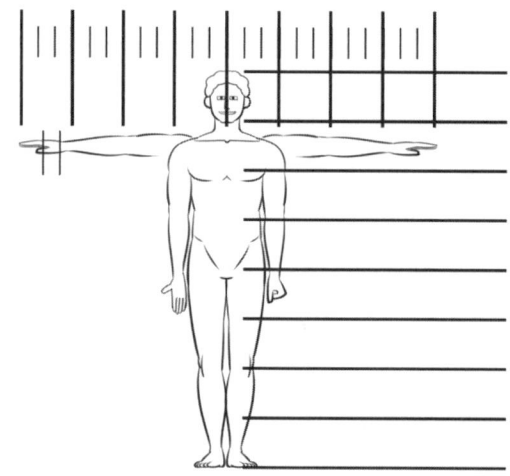

특히 인체비례론을 소개할 때 빠지지 않고 등장하는
작품이 바로 앞서 소개한 〈밀로의 비너스〉이다.
〈밀로의 비너스〉는 아름답고 완벽한 균형을 가진
몸매로 인해 미의 전형으로 알려져 있다. 이 작품을
미의 전형으로 언급하는 데는 크게 세 가지 이유가
있다. 첫째는 몸의 뼈대와 근육을 포함한 완벽한
해부학의 도입이고, 둘째는 몸의 무게중심을 한쪽
다리에 둠으로써 나타나는 S자 곡선, 즉 콘트라포스토
(contrapposto)이다. 이 곡선이 인간의 신체를 가장
아름답게 표현한다고 한다. 셋째는 앞에서 이야기
했던 8등신의 신체구조이다. 〈밀로의 비너스〉는
오른쪽 그림과 같이 배꼽이 신장을, 어깨의 위치가
배꼽 위의 상반신을, 무릎의 위치가 하반신을,
코의 위치가 어깨 위의 부분을 각각 1:1.618의
비율로 황금분할하고 있다.

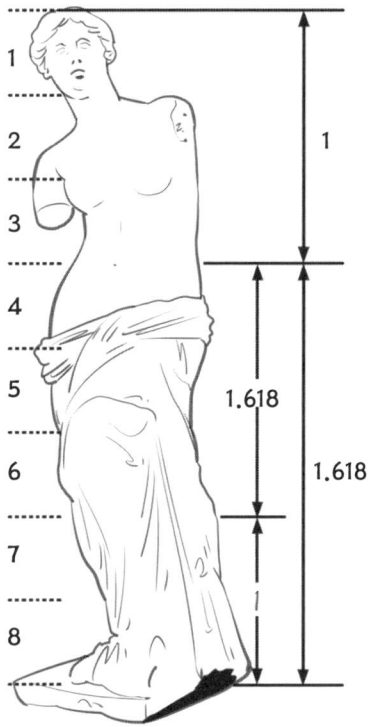

일반적으로 황금비는 5:8로 나타내는데, 5와 8은 대표적인 피보나치 수이다. 중세의 뛰어난
수학자였던 피보나치가 지은 「산반서」에는 다음과 같은 문제가 등장한다.

어떤 사람이 토끼 1쌍을 우리에 넣었다.
이 토끼 1쌍은 한 달에 새로운 토끼 1쌍을 낳고,
낳은 토끼들도 1달이 지나면 다시 1쌍의 토끼를 낳는다.
그렇다면 1년이 지난 후에 몇 쌍의 토끼가
우리에 있는가?

10. 수 8과 피보나치 수열과 황금비 167

이 문제를 그림을 그려가며 알아보자. 첫째 달, 원래 우리에 넣은 토끼 1쌍만이 있다.

둘째 달, 그들은 1쌍의 새끼 토끼를 낳을 것이다. 그래서 모두 2쌍의 토끼가 우리에 있다.

셋째 달, 원래 토끼 1쌍은 또 다른 새끼 토끼 1쌍을 낳고, 처음 태어난 1쌍의 새끼 토끼가 자랄 것이다. 이제 3쌍의 토끼가 우리에 있다.

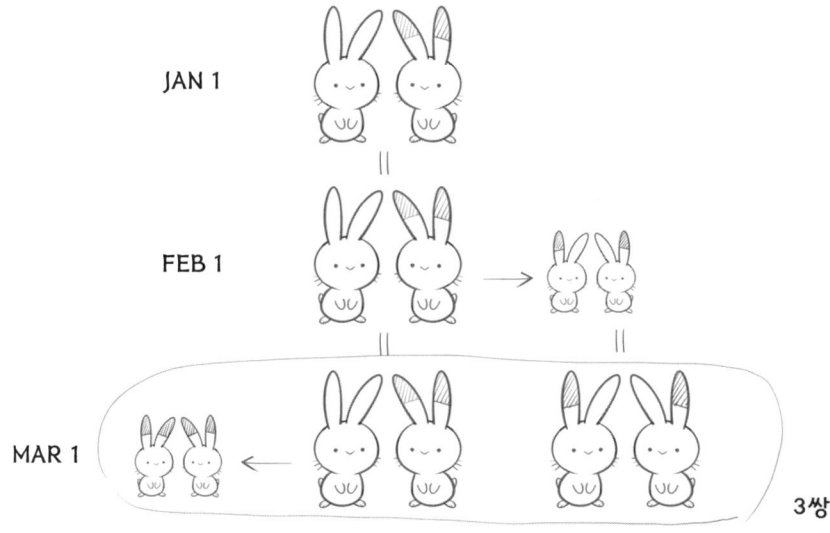

넷째 달, 처음 토끼 1쌍은 또 다른 새끼 토끼 1쌍을 낳고, 2번째 태어난 1쌍은 자랄 것이다. 그리고 첫 번째 태어나서 다 자란 토끼 1쌍은 다른 새끼 토끼 1쌍을 낳는다. 그러면 우리에는 모두 5쌍의 토끼가 있게 된다.

다섯째 달에는 8쌍이 되고 여섯 번째 달에는 13쌍의 토끼가 우리에 있게 된다.

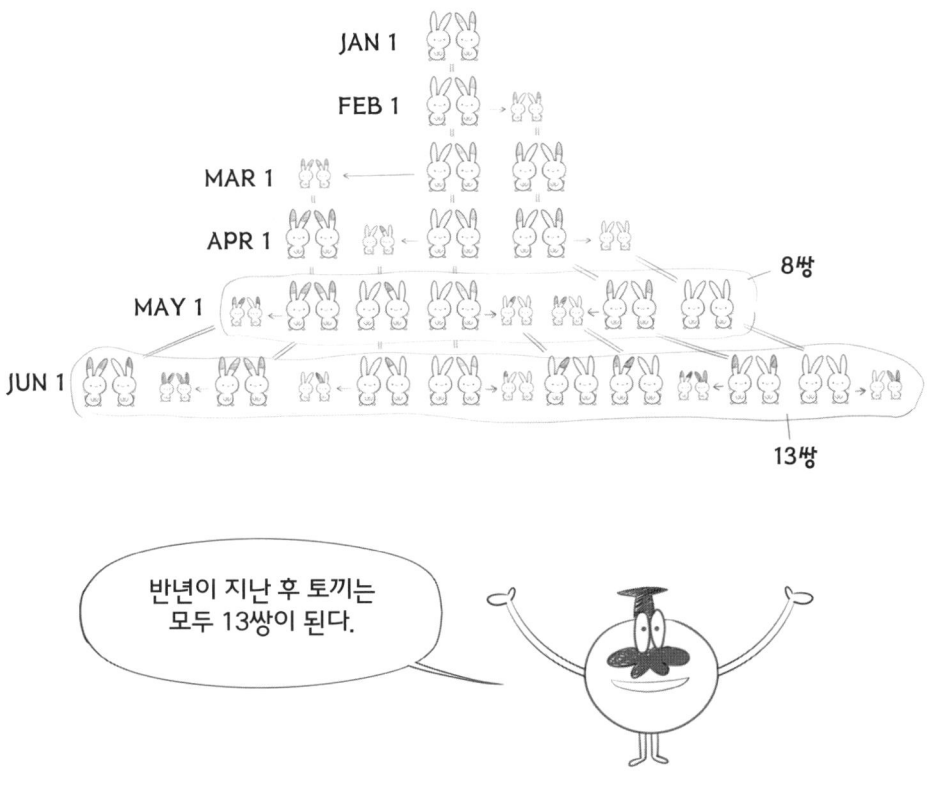

반년이 지난 후 토끼는 모두 13쌍이 된다.

곧 다루기 힘들 정도로 늘어나겠지만, 앞의 그림과 같은 방법으로 계속 그려나갈 수는 있다. 하지만 매달 토끼 쌍의 수를 조사하면 문제를 풀 수 있는 규칙을 얻을 수 있다.

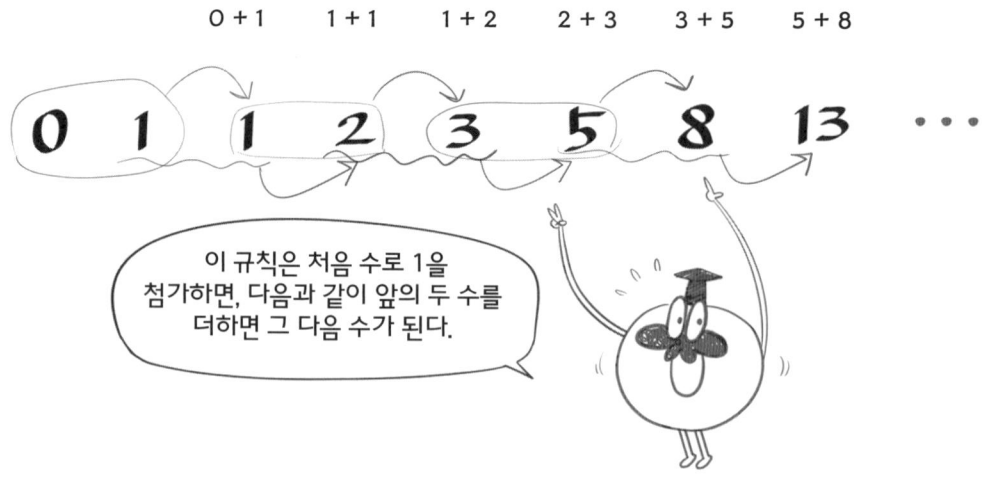

즉, 앞의 두 달의 토끼 쌍의 수를 합하면 다음 달의 토끼 쌍의 수를 구할 수 있고, 1년이 지난 후인 13달째에 우리 안에 있는 토끼는 모두 377쌍이 된다. 이렇게 해서 나오는 수열을 '피보나치 수열'이라고 하며, 이 수열의 각 항에 있는 수들을 '피보나치 수(Fibonacci number)'라고 한다.

6달	7달	8달	9달	10달	11달	12달	13달	...
	(8+13)	(13+21)	(21+34)	(34+55)	(55+89)	(89+144)	(144+233)	
13	21	34	55	89	144	233	377	...

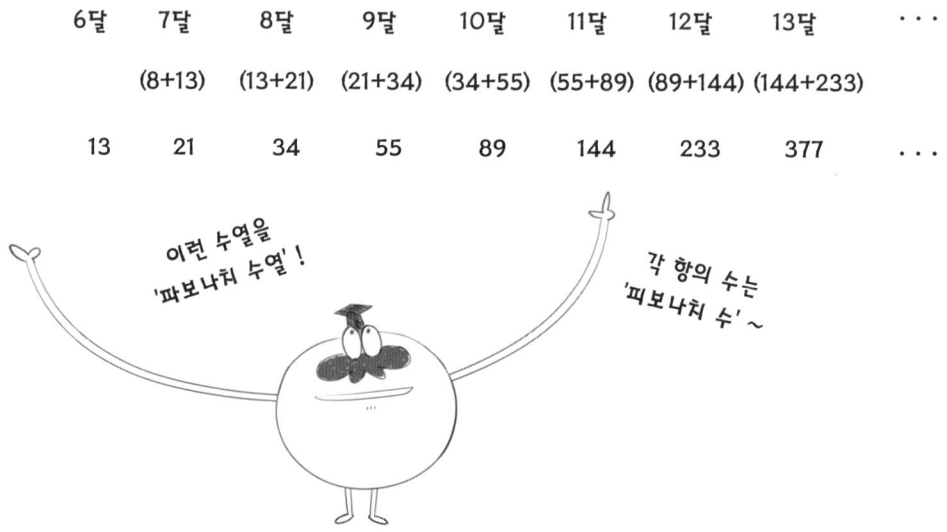

세계 수학계에서 통용되는 공식적인 피보나치수열의 일반항에 대한 표현은 피보나치(Fibonacci)의 앞 글자를 따서 F_n으로 나타낸다. 17세기에 대수학의 기호가 발전하면서 수학자들은 이 수열을 공식 $F_{n+2} = F_{n+1} + F_n$으로 만들었다. 즉, $n + 2$번째 항의 피보나치 수는 $n + 1$번째와 n번째 피보나치 수의 합과 같다. 이 수열에서 n번째 항의 피보나치 수를 $n + 1$째 피보나치 수로 나누면 그 비율은 약 1.618로 점점 수렴하게 된다. 이런 과정을 더 진행하면 이 비율은 점점 $\frac{1+\sqrt{5}}{2}$에 근사하게 된다. 즉, $\frac{F_{n+1}}{F} ≒ 1.618\cdots$

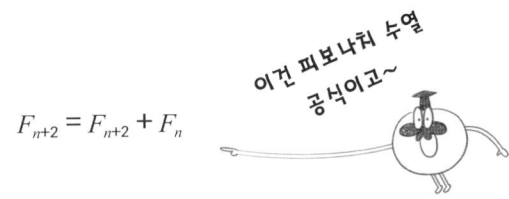

$$F_{n+2} = F_{n+2} + F_n$$

$$\frac{F_{n+1}}{F_n} ≒ \frac{1+\sqrt{5}}{2} ≒ 1.618\cdots$$

피보나치 수는 특히 자연 속에서 쉽게 찾을 수 있다.
식물은 물과 햇빛 그리고 공기를 많이 받기 위하여
어느 정도 순환적인 나선형으로 자라려는 경향이 있다.

즉, 가지의 끝은 이런 요소들을 보다 많이 접하기 위해
돌면서 성장하기 때문에 공간 속에서 나선을 그리게 된다.

가지가 나선형으로 자라면 그 끝은 원을 그리는데, 그 가지에서 자라는 잎은 가지가 그리는 원형의 $\frac{2}{5}, \frac{3}{5}, \frac{3}{8}, \frac{8}{13}, \frac{5}{13}$ 또는 이와 비슷한 지점에서 자란다는 것이 알려졌다.

잎의 이런 성장을 '잎 성장 비'라고 하는데, 신기하게도 잎 성장 비는 대개 분자와 분모가 모두 피보나치 수로 되어 있는 '피보나치 비'이다. 아래 그림은 $\frac{3}{8}$의 잎 성장 비를 나타내는 것이고, 오른쪽 표는 '피보나치 비'를 잎 성장 비로 갖는 식물들의 예이다. 식물의 잎 성장 비를 계산할 때는 맨 아래에 처음 나와 있는 줄기는 세지 않는데, 첫 가지로부터 시작하여 세 번의 회전에 8번째 가지가 자랐으므로 $\frac{3}{8}$의 잎 성장의 비를 그리고 있다. 또한 그림에서 보듯이 각각의 줄기는 바로 밑의 줄기로부터 $\frac{3}{8}$ 가량 회전한 위치에서 자라고 있다.

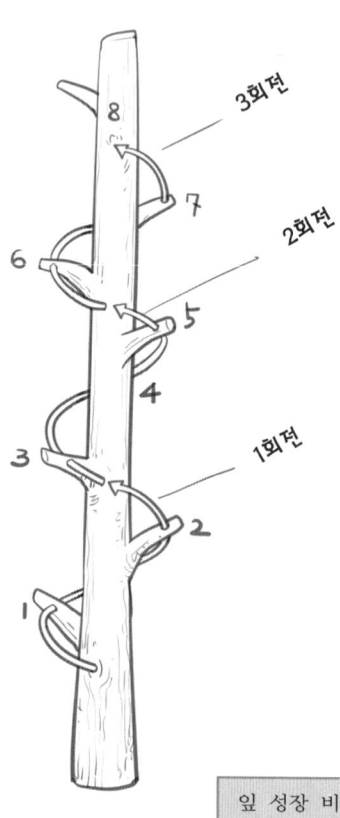

잎 성장 비율	식물이름
$\frac{2}{3}$	볏과 식물, 느릅나무
$\frac{1}{3}$	볏과 식물, 검은 딸기, 너도밤나무, 개암나무
$\frac{2}{5}$	겨자나무, 개쑥갓, 호랑가시나무, 떡갈나무, 후추나무, 포플러, 사과나무, 자두나무, 벚나무, 살구나무
$\frac{3}{8}$	수양버들, 서양배나무, 등대풀나무
$\frac{5}{13}$	땅버들, 아몬드

솔방울에서도 피보나치 수를 찾을 수 있다. 솔방울의 포엽들을 자세히 살펴보면 하나는 왼쪽 아래에서 오른쪽 위로 대각선을 이루듯이 회전하고, 다른 하나는 오른쪽 아래에서 왼쪽 위로 회전한다. 그리고 하나는 완만한 나선을 그리고, 다른 하나는 가파른 나선을 그린다. 그림에서 오른쪽 솔방울은 가파르게 나선을 그리는 13개의 포엽들 중에서 하나를 보여준다. 왼쪽의 솔방울은 완만한 나선을 그리는 8개의 포엽들 중에서 하나를 보여준다.

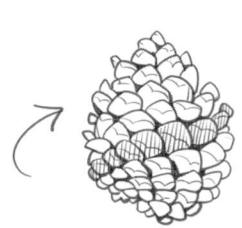
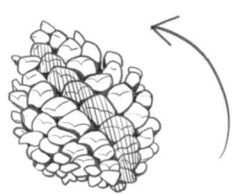

솔방울에서 포엽의 나선 구조

파인애플은 육각형의 껍질로 덮여있다. 이 육각형의 껍질을 자세히 살펴보면 모든 육각형이 세 개의 서로 다른 나선에 놓여있는 것을 알 수 있다. 어떤 파인애플이든 육각형들의 나선은 완만한 것과 가파른 것 그리고 가운데에 거의 수직인 나선이 있는데, 이들의 개수를 세어보면 피보나치 수 8과 13 그리고 21이라는 것을 알 수 있다.

파인애플 껍질의 나선구조

한 과학자는 이것을 확인하기 위하여 2000개의 파인애플에서 나선의 개수를 확인했는데, 그 결과 피보나치 수를 벗어난 것은 하나도 없다는 것을 알았다.

우리 주변에서 흔히 볼 수 있는 여러 종류의 많은 꽃은 피타고라스 수를 꽃잎 수로 가지고 있고, 다음 표는 그런 몇 가지 예이다.

꽃잎의 수	식물이름
2	털이슬
3	백합, 붓꽃
5	미나리아재비, 무궁화, 매발톱꽃
8	코스모스, 참제비고깔, 양귀비
13	금잔화, 시네라리아
21	쑥부쟁이, 노랑데이지, 치코리
34	질경이, 제충국
55	아프리카 데이지, 까실쑥부쟁이
89	까실쑥부쟁이

피보나치 수는 벌의 번식에서도 확인할 수 있다.

벌은 여왕벌이 거느리고 있는 벌 사회의 개체 수와 규모에 따라서 선택적으로 암, 수를 구별하여 알을 낳는다고 한다.

실제로 여왕벌은 수벌로부터 받은 정자를 수개월,
심지어는 수년간 체내에 갖고 있을 수 있다고 한다.

여왕벌이 낳는 수많은 알 중에서 수정된 것에서는 암벌(여왕벌)이 나오고, 수정이 되지 않은 것은 수벌로 부화한다고 한다.

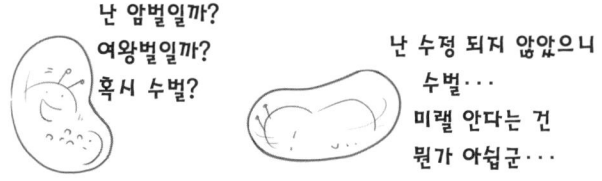

다음 그림은 벌의 번식을 나타낸 것인데, 벌의 머릿수가 피보나치 수가 된다는 것을 알 수 있다.

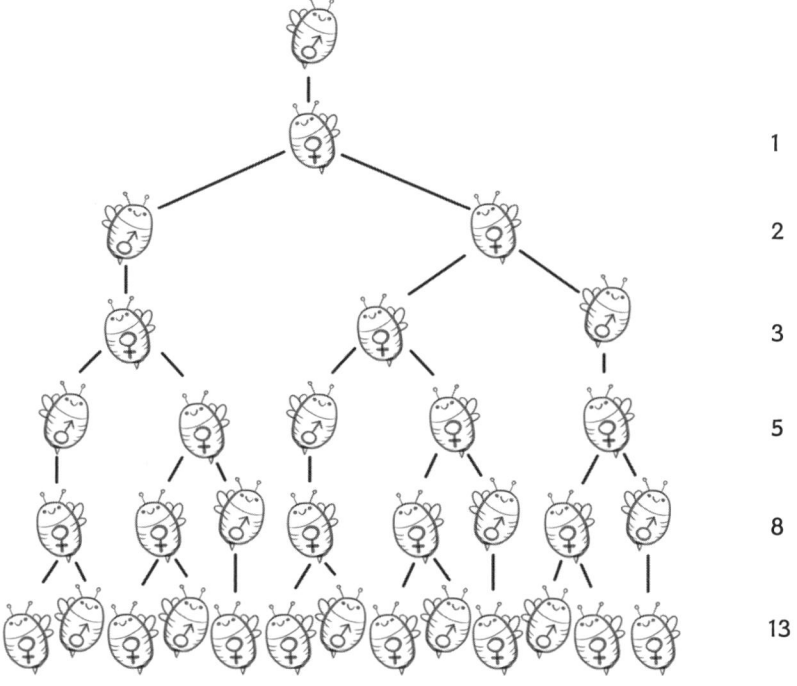

피보나치 수열의 예는 증권시장의 '엘리엇 파동 원리(Elliot Wave Principle)'에서도 볼 수 있다. 이 이론에 의하면, 다음 그림과 같이 주식시장은 항상 같은 주기를 반복하며, 각 주기는 정확하게 8개의 파동으로 구성된 두 단계로 이루어졌다는 것이다.

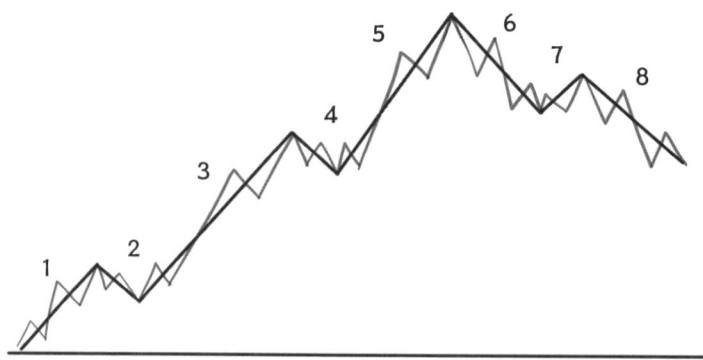

이 파동 그림을 잘 살펴보면 올라가는 단계와 내려가는 단계로 구성되어 있다. 1번 파동에서부터 5번 파동까지는 전체적으로 주가가 상승하고, 6번 파동에서부터 8번 파동까지는 주가가 전체적으로 하락하고 있다. 그래서 크게 보아서 1번 파동부터 5번 파동까지는 추진파이고, 6번부터 8번 파동은 조정파이다. 그러나 주가가 상승하는 국면에서도 2번과 4번 같은 조정국면이 있고, 주가가 전체적으로 하락하는 국면에서도 7번 파동과 같이 상승하는 국면이 있다는 것을 알 수 있다. 상승국면에 있는 파동 수열 1-2-3-4-5는 매수장(bull market)이 형성되고 6-7-8은 매도장(bear market)이 형성된다.

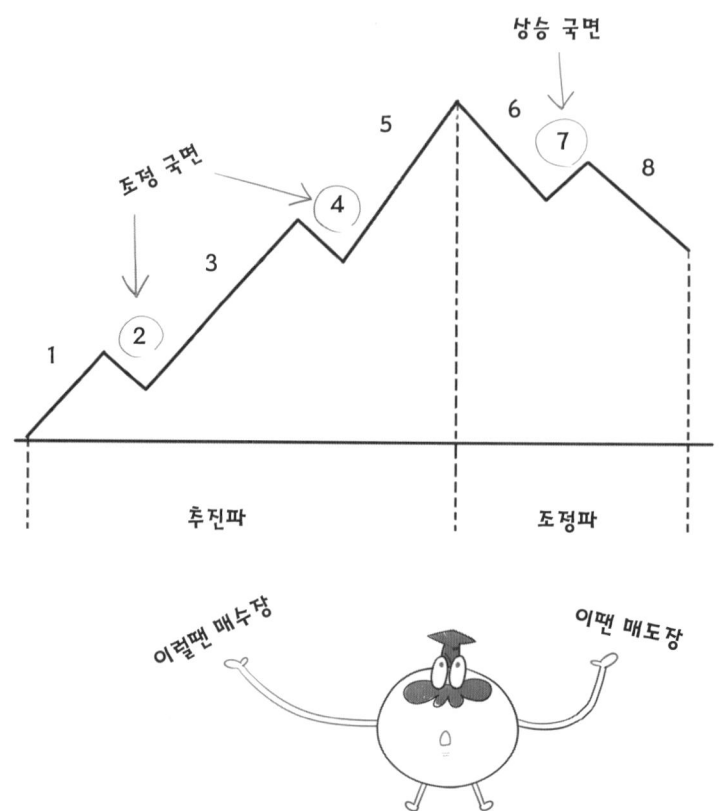

오늘날의 과학기술에서 피보나치 수열이
나타나는 경우는 너무 많아 일일이 언급하기조차
불가능하다.

이 수열은 데이터를 분류하고 정보를 검색하는 데에도 이용되고 있다. 최근에는 암호는 물론
컴퓨터과학 분야에서 광범위하게 쓰이고 있다.

그 중에서도 우리에게 가장 큰 아름다움을 느끼게
하는 황금비는 고대로부터 현재까지 우리 생활과
밀접한 관련이 있고, 보통은 5:8로 표현된다.

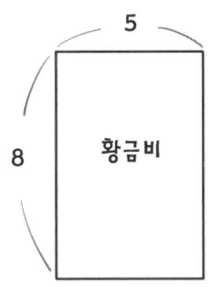

특히 8은 음악의 원천인
도, 레, 미, 파, 솔, 라, 시, 도의 한 옥타브를
구성한다.

숫자 8은 중국에서 굉장히 좋은 의미로 쓰이고 있다. 8의 중국어 발음은 빠(ba),
돈을 많이 번다는 뜻의 發(fa)와 비슷한 발음이다.

그래서 그들은 차량번호, 휴대폰 번호,
비밀번호 등 번호가 들어가는 것에는
전부 8을 선호한다.

PART 11

수
9와
마방진과
미로

11. 수 9와 마방진과 미로

'엔네아드(Ennead)'라고 부르는 9는 1부터 10까지 수 중에서 한 자릿수로는 가장 큰 수이다.

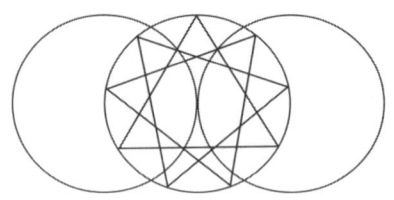

그래서 9는 어떤 노력에서 이룰 수 있는 최고의 단계를 나타낸다.

9는 더 이상 넘어갈 수 없는 한계이자 극한의 경계이고, 수에 담긴 의미들이 세상에 발현될 수 있는 궁극적인 최대 범위이다.

수 철학자들은 9를 수평선이라고도 불렀다.

왜냐하면 9는 1부터 9까지 처음 9개의 수의 원리들이 끝없이 순환하며 반복되는 수들의 망망대해가 펼쳐져 있는 해변의 끝에 위치하고 있기 때문이다.

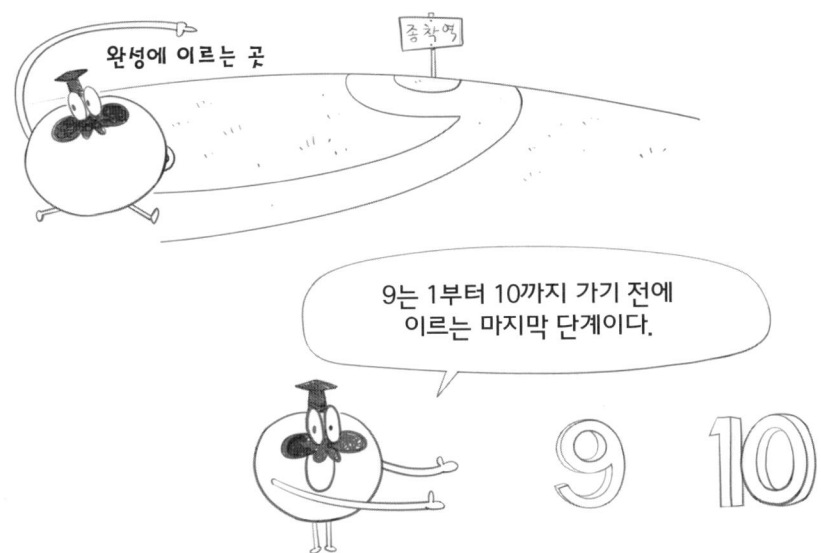

그래서 그들은 9를 '끝'의 의미가 들어있는 엔네아드라고 불렀다.

수 철학자들은 9를 '종착역' 또는 '완성에 이르는 곳'이라고도 불렀다.

3+3+3=9이기 때문에 9는 신성한 3의 의미가 최대한 표현된 것을 나타낸다.

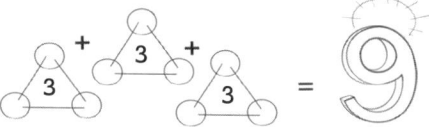

9는 최상의 완전, 균형, 질서를 표현하며, 세 배로 신성하고 가장 거룩한 것으로 간주되었다.

그래서 고대 중국의 설화에는 등에
9개의 칸 숫자를 의미하는 점이 찍힌
거북이가 물에서 나온다.

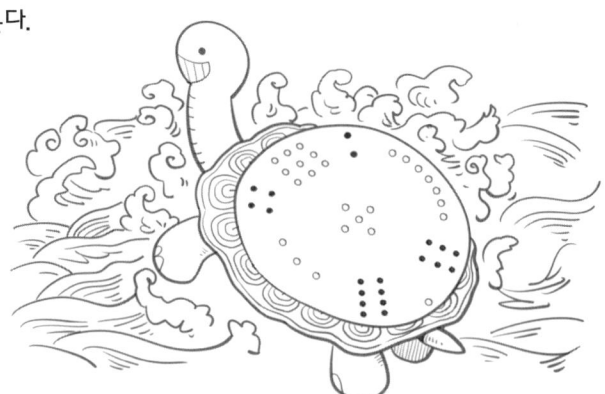

고대 중국의 신화에 따르면 지금부터 약 4000년 전 하 나라의 우왕 시대에 낙수(洛水)라는
지역의 낙강이 넘치는 것을 막기 위한 공사 중에 강 한복판에 커다란 거북이 한 마리가 나타났다.
사람들은 모두 놀라 거북이를 자세히 살펴보니 거북이 등에 45개의 점이 기하학적으로 찍혀
있었다. 이를 이상하게 여긴 사람들은 거북이 등에 있는 무늬를 해석해 보려고 숫자로 나타냈더니
다음과 같았다.

4	9	2
3	5	7
8	1	6

이 점들의 배열은 1에서 9까지의 수를 3×3의
마방진(魔方陣)에 배열한 것이다.

마방진이란 정사각형을 가로줄과 세로줄을 각각 n개로 나누어 각각의 칸에 1부터 n^2까지
자연수를 꼭 한 번씩 사용하여 가로줄과 세로줄 그리고 대각선 방향의 합이 모두 같아지도록
만들어진 것이다. 이것을 간단히 n차 마방진이라고 한다.

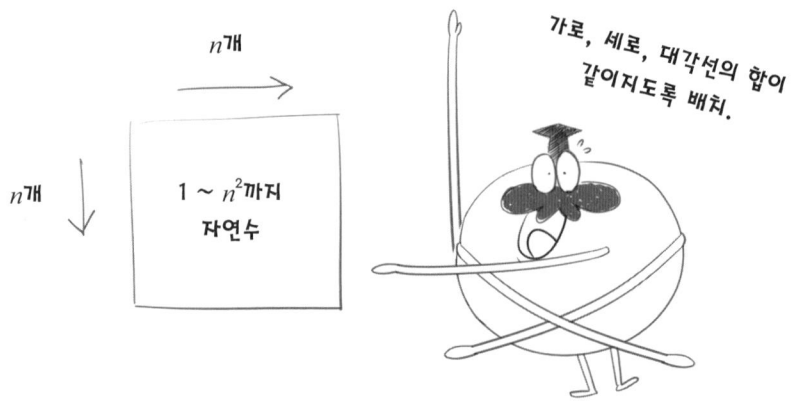

이것을 마방진이라고 하는 이유는 옛날 사람들이 이것을 대문에 붙여 놓으면 나쁜 마귀가 밤새워 그 문제를 해결하느라고 집안으로 들어올 수 없다고 여겨서 나쁜 마귀를 물리치는 부적으로 여겼기 때문이다. 또 유럽에서도 점성술사들은 이것을 은판에 새겨서 부적으로 이용하였다.

특히 3차 마방진은 이슬람교, 인도의 자이나교, 티베트의 불교, 켈트족, 아프리카, 샤머니즘, 유대인 신비주의 문화에 모두 등장한다.

앞에서 보듯이 3차 마방진의 가로줄, 세로줄, 대각선 위의 수들의 합은 모두 15이다.

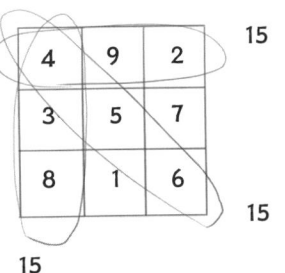

이것은 우리에게는 하나의 숫자놀이에 불과하지만, 옛날 중국 사람들에게는 매우 중요한 의미가 있었다.

오행의 '오'는 수(水), 화(火), 목(木), 금(金), 토(土)의 다섯 가지를 말하며 '행'은 이 다섯 가지가 쉬지 않고 움직여 삼라만상과 인생 여정에서 길흉화복을 변하게 하는 요소가 된다는 것이다.

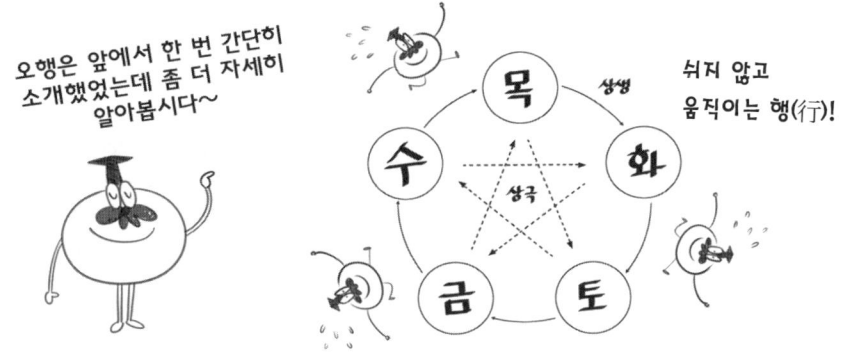

11. 수 9와 마방진과 미로   183

오행은 스스로 작용하여 나무(木)는 불(火)을 살리고, 불은 타고나면 재가되고 다시 흙(土)이 된다. 흙은 오랫동안 눌리고 다져져서 돌이 되고 다시 쇠(金)가 되며, 돌이나 쇠가 있으면 차가운 기운이 생기고 이 기운으로 이슬과 같은 물(水)이 생긴다. 또 물이 있어야 나무(木)가 살 수 있다.

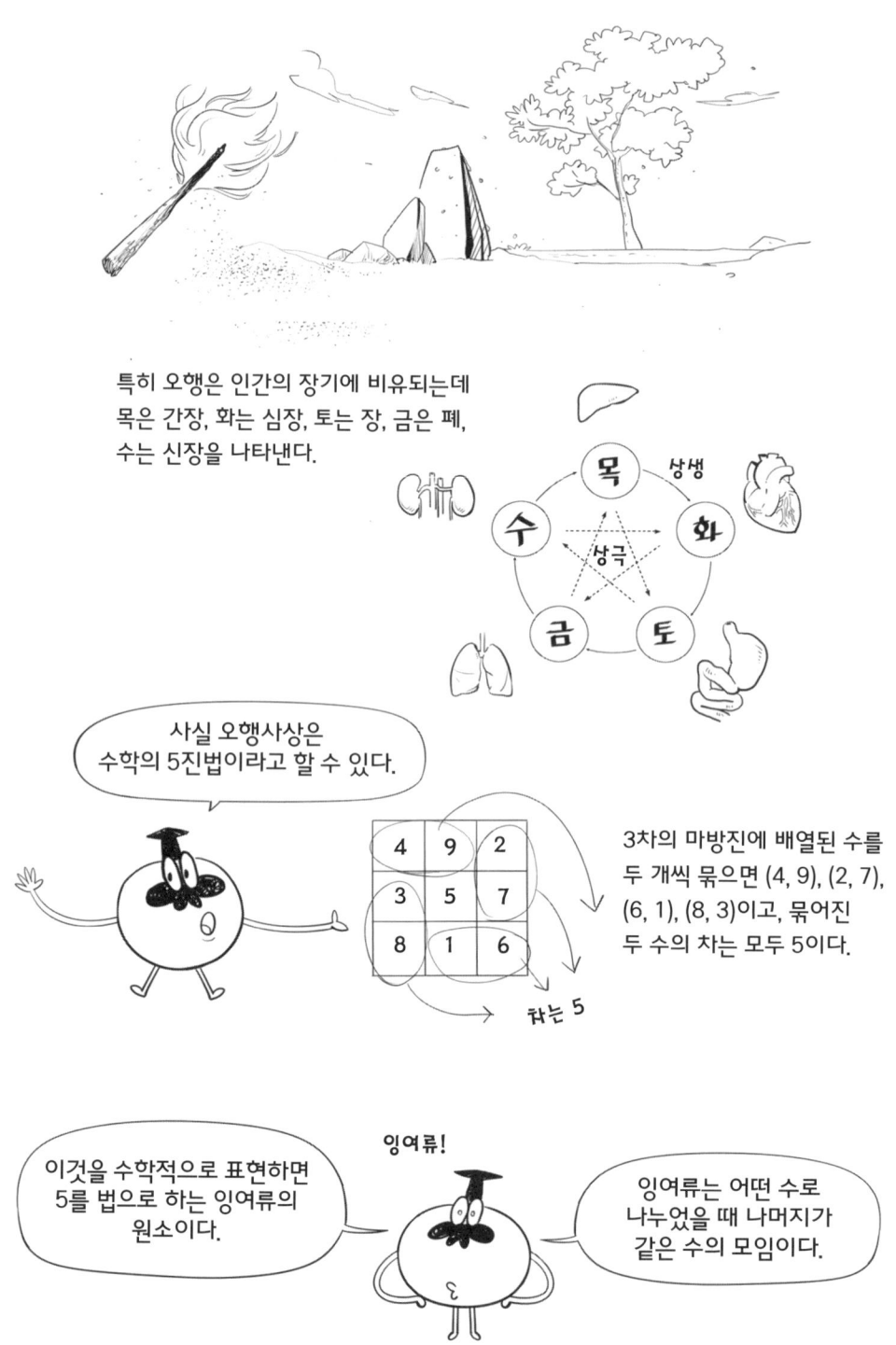

특히 오행은 인간의 장기에 비유되는데 목은 간장, 화는 심장, 토는 장, 금은 폐, 수는 신장을 나타낸다.

사실 오행사상은 수학의 5진법이라고 할 수 있다.

3차의 마방진에 배열된 수를 두 개씩 묶으면 (4, 9), (2, 7), (6, 1), (8, 3)이고, 묶어진 두 수의 차는 모두 5이다.

이것을 수학적으로 표현하면 5를 법으로 하는 잉여류의 원소이다.

잉여류!

잉여류는 어떤 수로 나누었을 때 나머지가 같은 수의 모임이다.

이를테면 4와 9를 5로 나누었을 때 나머지는 모두 4이고, 2와 7을 5로 나누었을 때 나머지는 모두 2이다.

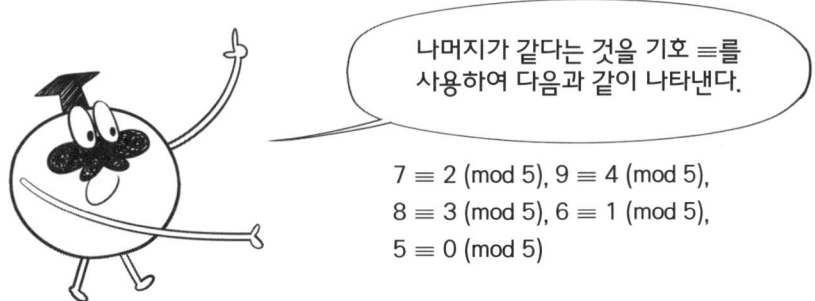

$7 \equiv 2 \pmod 5$, $9 \equiv 4 \pmod 5$,
$8 \equiv 3 \pmod 5$, $6 \equiv 1 \pmod 5$,
$5 \equiv 0 \pmod 5$

그래서 3차의 마방진은 오행설의 입장에서는 이상적인 수표가 된다. 실제로 옛날 중국에서는 이 표를 이용하여 달력을 만들었다고 한다.

마방진은 홀수 차수와 짝수 차수의 풀이 방법이 다르다. 우선 홀수 차수 마방진의 풀이를 살펴보자.

11. 수 9와 마방진과 미로   185

3차의 마방진의 합은 15이고 다음과 같은 방법으로 만들 수 있다.

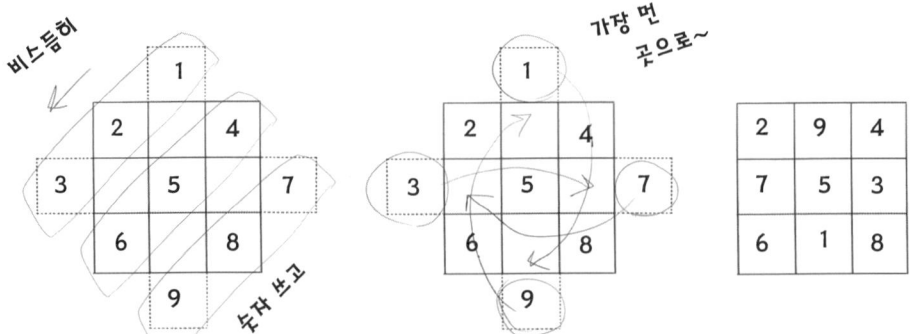

빈칸이 9개 있는 정사각형을 만들고 왼쪽 그림과 같이 왼쪽으로부터
오른쪽 아래로 비스듬히 1, 2, 3, ···, 9까지의 숫자를 써놓는다. 다음,
처음 만들었던 정사각형의 바깥쪽에 있는 각 숫자를 그 줄에서 가장
먼 자리에 있는 칸으로 옮겨서 쓴다. 즉, 처음 정사각형의 바깥에 있는
숫자는 1, 3, 7, 9이고 이 중에서 1은 9 위에 9는 1 밑에 쓴다.
그리고 3은 7 옆에 7은 3 옆에 각각 적어 넣는다. 그러면 오른쪽의
그림과 같은 3차의 마방진을 만들 수 있다.

마찬가지 방법으로 합이 65인 5차의 마방진을 만들 수 있다.

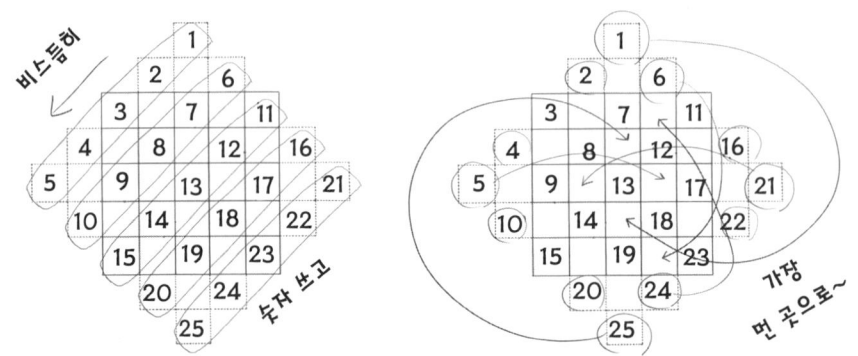

위의 그림에서 알 수 있듯이 5차는 25개의 숫자를 정사각형 모양에 배열하는 것이고, 처음 만들어진
정사각형의 바깥쪽 숫자는 1, 2, 4, 5, 6, 10, 16, 20, 21, 22, 24, 25이다. 3차의 경우에서와
다른 것은 6과 2 같은 위치의 숫자들이다. 이 숫자들도 3차에서와 같은 방법으로 빈칸에 넣는다.
예를 들어 6은 24의 위에 24는 6 밑에 그리고 16은 8과 4 사이에 넣는다. 또한, 1은 19와 13
사이에 넣고 25는 7과 13 사이에 넣는다. 그러면 다음과 같은 5차의 마방진을 만들 수 있다.
그리고 이와 같은 방법으로 모든 홀수 차의 마방진을 만들 수 있다.

3	20	7	24	11
16	8	25	12	4
9	21	13	5	17
22	14	1	18	10
15	2	19	6	23

합이 34인 4차의 마방진은 1부터 16까지의 수로 만들게 되는데, 다음 왼쪽 그림과 같이 차례대로 번호를 써넣는다. 그런 다음 대각선 위에 있는 숫자를 대칭이 되는 위치로 옮겨 쓴다. 예를 들어 1은 16과, 6은 11과 각각 자리를 바꾸어 쓴다. 그러면 오른쪽 그림과 같은 4차의 마방진을 얻게 된다.

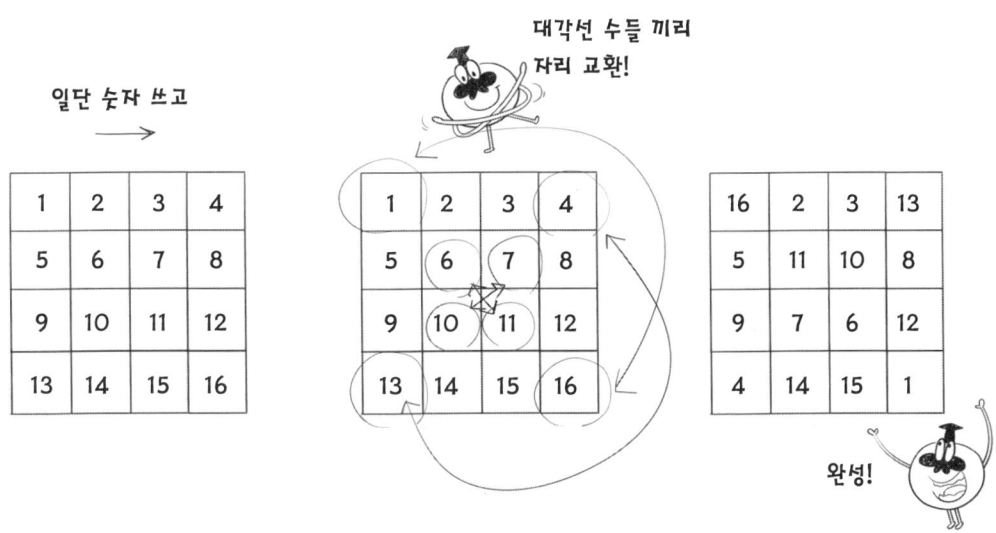

이와 같은 방법이 짝수 차수의 모든 경우에 해당되는 것은 아니다. 이 방법은 2의 거듭제곱인 차수의 경우에만 해당이 된다. 예를 들어 합이 260인 8차의 경우는 다음과 같이 차례대로 번호를 먹인 것에서 시작한다.

1	2	3	4	5	6	7	8
9	10	11	12	13	14	15	16
17	18	19	20	21	22	23	24
25	26	27	28	29	30	31	32
33	34	35	36	37	38	39	40
41	42	43	44	45	46	47	48
49	50	51	52	53	54	55	56
57	58	59	60	61	62	63	64

그러나 이 경우는 4차의 경우보다
수를 옮기는 방법이 약간 복잡하다.

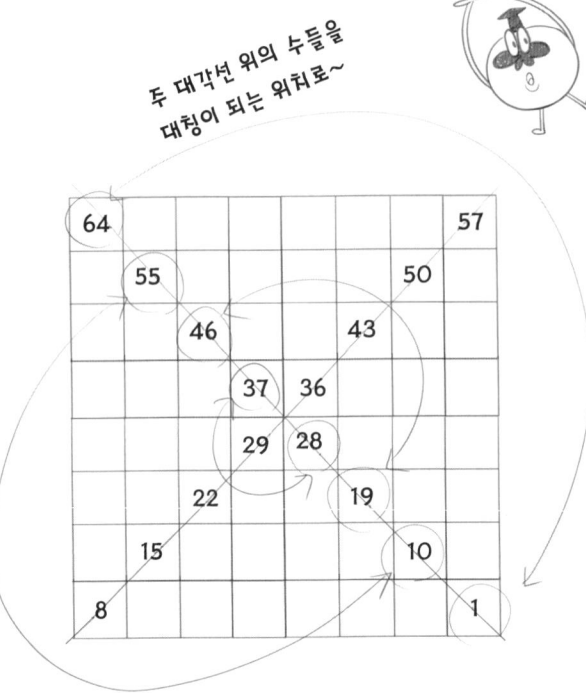

앞의 그림에서 보듯이 1부터 64 까지의 수를 차례대로 모두 채워 넣는다. 먼저 두 개의 주 대각선 위의 수들을 대칭이 되는 위치로 옮겨 쓴다.

그런 다음 굵은 선으로 표시된 4개의 작은 정사각형에 대각선을 긋는다. 마지막으로, 두 개의 주 대각선 위의 수를 제외한 나머지 수들의 위치를 굵게 표시된 작은 정사각형의 대칭이 되는 곳과 바꾸면 완성된다.

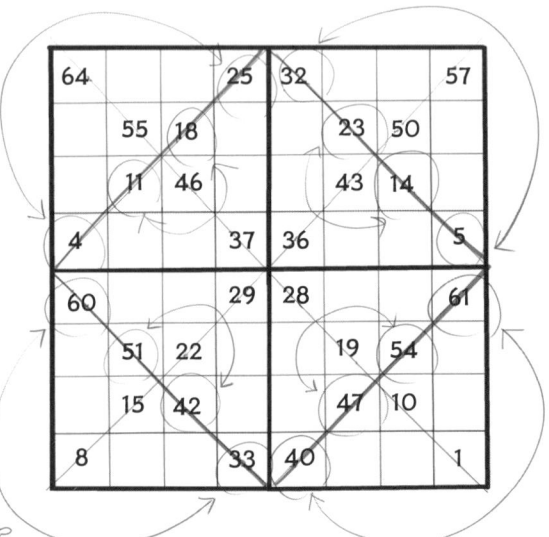

마주보는 대각선과 바꾼다!

다시 굵은 선으로 나타낸 4개의 작은 정사각형의 대각선에 위치한 수를 마주보는 대각선과 바꾼다.

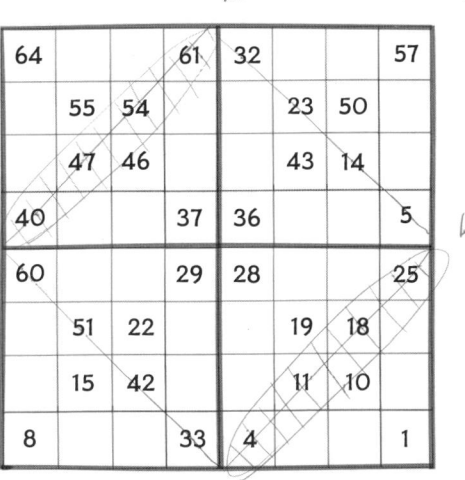

이렇게 ~

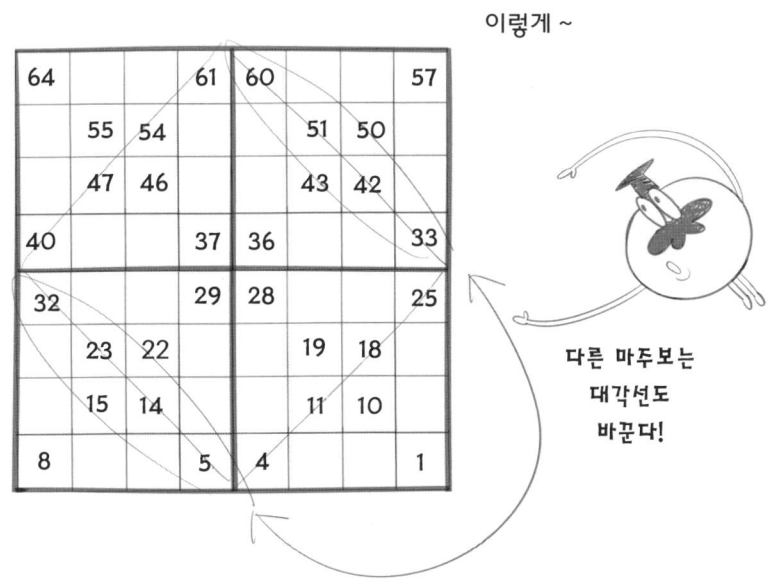

다른 마주보는 대각선도 바꾼다!

작은 정사각형의 대각선에 위치한 수들을 마주 보는 대각선에 위치한 수들과 맞바꾼 후 나머지 수들을 그대로 채워 넣으면 완성된다.

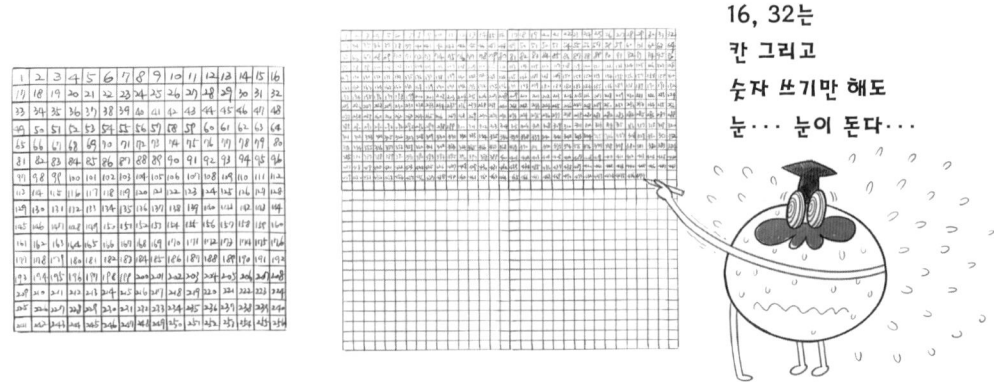

마찬가지 방법으로 16차, 32차 등등의 마방진을 만들 수 있다. 그러나 차수가 커질수록 4차의 작은 정사각형이 많아지고 대칭으로 이동시키는 횟수와 방법이 더 복잡해진다.

고대 중국인들은 수 9개의 원형적 원리의
조화로운 조합으로써 마방진을 우주의 가장
높은 질서를 비춰주는 것으로 생각했다.

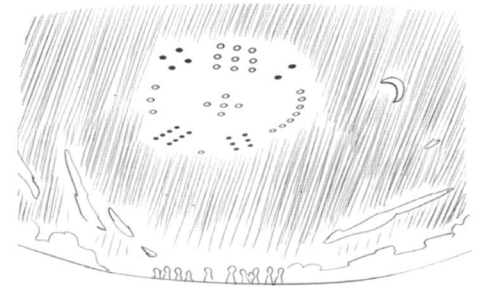

그들은 '빛의 방'이란 뜻의 명당(明堂) 9궁을
설계하는 데 3차 마방진을 이용했다고 한다.

명당은 황제가 거처하는 곳으로 1년 중 땅의 기운이 순환하는 것에 따라 40일마다 거처를
옮겼다고 한다.

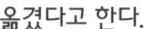

고대 중국에서 하늘의 힘을 나타내는 가장
상서로운 수로서 9는 9가지의 큰 사회적 법과
관리들의 9계급, 신성한 9가지 의식, 9층 탑을 정했다.

그들의 시간으로 9월 9일 9시에는 9개의 수로
표현되는 원형들인 9겹의 창조적인 하늘의 힘을
기념하는 축제가 열렸다.

거의 모든 문화에서 9는
최종적인 한계를 나타내며
기하학적으로 특이한 성질을
표현하기도 한다.

11. 수 9와 마방진과 미로

9개의 동전을 이용하여 대칭적인 모양을 몇 가지 만들 수 있을까?

많은 모양을 만들 수 있겠지만 정사각형, 십자가, 원, 삼각형 등을 가장 쉽게 만들 수 있다.

이런 배열 중에서 X자 모양은 성 앤드루의 십자가라고 부른다.

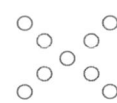 

9개의 점으로 이루어진 이 모양은 이집트, 그리스, 로마, 고딕 양식의 성당 등의 상징과 건축물에서 찾아볼 수 있는 미로(labyrinth)를 작도하는 기초가 된다.

사실 미로에는 maze와 labyrinth의 두 가지 종류가 있다.

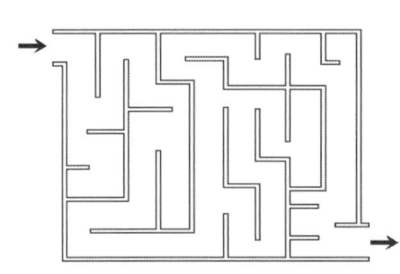
maze

labyrinth

192

위의 그림으로부터 labyrinth는 중심을 향해 부드럽게 나선을 그리며 연결되는 하나의 길을 뜻한다.

반면에 maze는 여러 갈래의 길이 있으며, 그 비밀을 알지 못하는 여행자를 혼란에 빠뜨리기 위해 설계된 것이다.

미로는 고대 그리스의 전설적인 영웅으로 알려진 테세우스와 깊은 관련이 있다.

당시 지중해의 크레타 섬을 다스리던 미노스 왕은 포세이돈이 선물한 황소를 빼돌리는 죄를 지었다. 그 죄로 아내인 파시파에가 황소를 사랑하게 되는 벌을 받게 되었고, 결국 머리는 황소이고 몸은 사람인 괴물 미노타우로스를 낳았다. 미노스 왕은 누구도 빠져나올 수 없는 미궁을 짓고 미노타우로스를 가두었다. 이 미궁의 이름이 바로 라비린토스(labyrinth)이다. 아테네의 왕자였던 테세우스는 크레타 왕국의 공주인 아리아드네가 주는 실타래를 가지고 미궁에 들어가 미노타우로스를 죽이고 풀린 실을 뒤감아 무사히 탈출한다.

다음 그림은 영국의 화가인 번 존스(Edward Coley Burne Jones, 1833-1898)가 1862년에 완성한 〈미로 속의 테세우스〉이다. 이 그림에서 테세우스는 미노타우로스를 처치하기 위하여 실타래를 들고 조심스럽게 미궁으로 들어가고 있다. 그런데 저쪽 벽 뒤로 고개를 빠끔히 내밀고 테세우스의 움직임을 유심히 살피고 있는 미노타우로스가 보인다. 바닥에 마치 카펫 무늬처럼 꽃과 함께 불규칙적으로 흩어져 있는 사람 뼈다귀로 보아 미노타우로스가 가까이 있음을 짐작한 듯 테세우스의 표정이 긴장되어 있다. 재미있는 것은 각 캐릭터와 미궁에 대해서는 친절하게 '이건 누구다.'라는 식으로 이름표까지 붙여 놓았다.

미로 속의 테세우스 (1862)
번존스 Edward Coley Burne – Jones
(1833 – 1898) 작

점 9개로 이루어진 성 앤드루의 십자가로부터 미로(labyrinth)를 만드는 방법을 알아보자.

먼저 9개의 점을 X자 모양으로 찍고, 중심을 지나는 점 위에 수직선과 수평선을 그려 시자가를 만든다. 그리고 다음 그림과 같이 서로 대칭적인 네 개의 점으로부터 두 개의 수직선과 수평선을 그리면 된다.

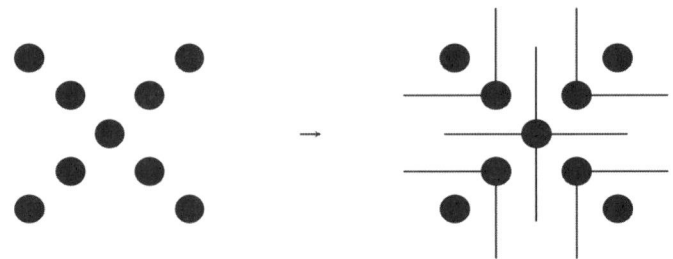

가운데에 있는 십자가의 맨 꼭대기로부터 바로
오른쪽에 있는 선의 꼭대기로 부드럽게 곡선을
그려 잇는다.

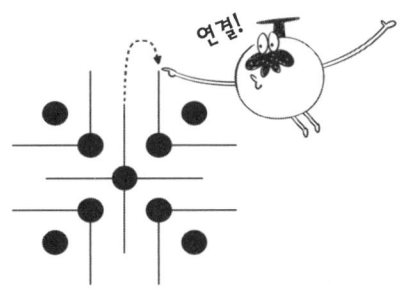

십자가의 왼쪽 위에 있는 점으로부터 부드럽게 곡선을 그려
오른쪽 맨 위에 있는 점으로 연결시킨다.

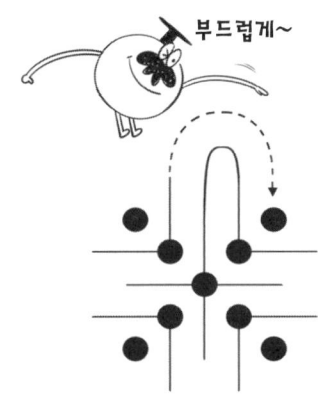

왼쪽 맨 위에 있는 점으로부터 위쪽으로 부드럽게
곡선을 그려 맨 오른쪽에서 처음 만나는 선의 끝과
연결시킨다.

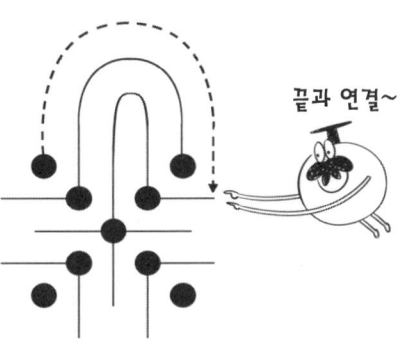

왼쪽 위쪽에 있는 점은 모두 연결되었으므로, 왼쪽 위에 있는 선으로부터 위쪽으로 부드럽게
곡선을 그려 오른쪽에서 처음 만나는 십자가의 오른쪽 선 끝과 연결한다.

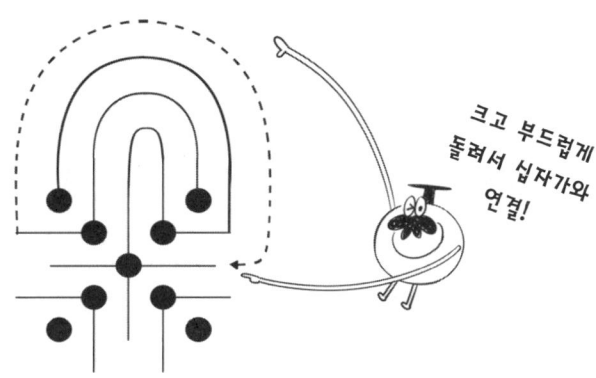

11. 수 9와 마방진과 미로

왼쪽에 있는 선과 점에서 시계 방향으로 부드럽게 곡선을 그려 오른쪽에 있는 그 다음의 점이나 선에 연결시키는 과정을 계속 반복한다. 마지막 남은 맨 밑에 있는 선에서 곡선을 가장 바깥쪽으로 부드럽게 그려 가운데 있는 십자가의 밑부분과 연결하면 원하는 미로가 완성된다.

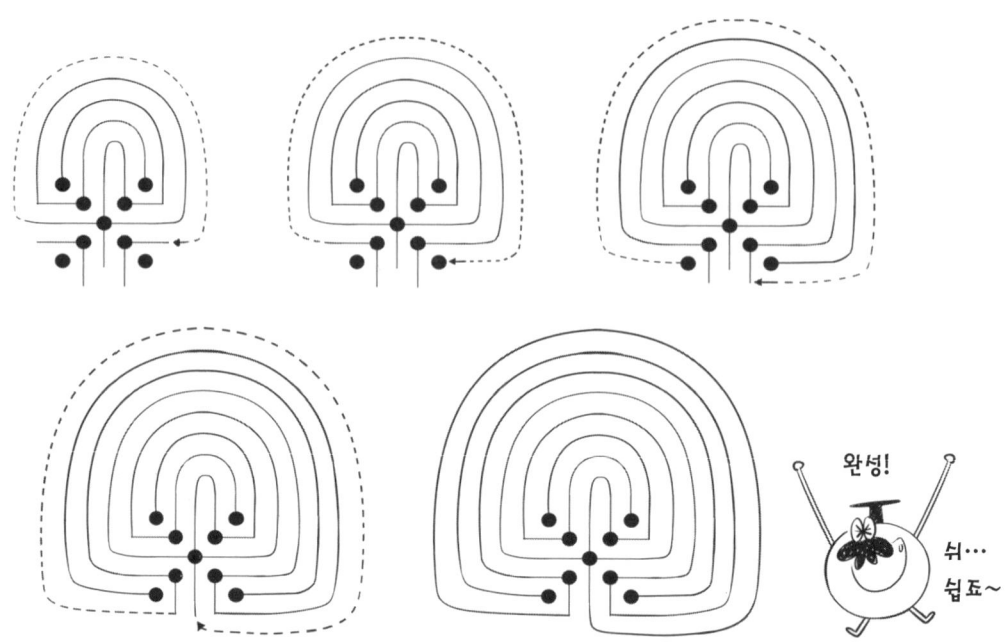

거의 모든 문화에서 9는 최종적인 연장을 나타낸다. 많은 작곡가들 사이에는 교향곡에 9번 이상의 번호를 붙이지 않는다는 미신이 퍼져 있다.

오늘날 야구에서 9회 말은 팀이 이길 수 있는 마지막 기회 즉 최종의 한계이다.

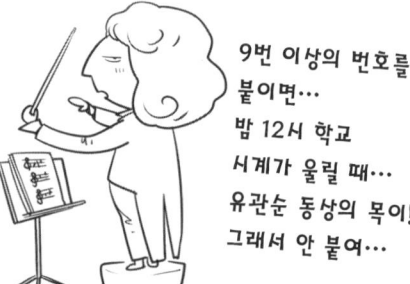

그래서 9는 새로운 것과 관련이 있다.

새로움은
저 9로부터~

많은 언어에서 '새롭다'는 단어는 9(nine)를 나타내는 산스크리트어 나바(nava)로부터, 나중에는 라틴어 노바(nova)로부터 유래했다.

11월의 영어 단어인 November는 원래 로마 달력에서 아홉 번째 달이었다. 그리고 원래 여덟 번째 달인 10월은 8을 나타내는 Octo를 사용하여 October라고 한다.

지금은 11월이지만
원래는 9월

아 그래서 8인
내가 10월이 된거구나~

옛날 사람들은 9를 완성, 달성, 한 순환의 끝으로 생각했으며, 수 9의 산술적 성질을 여러 가지 발견했다.

9는 같은 숫자가 무한히 반복되는 순환소수의 경계에 있다.

$0.1111\cdots = \frac{1}{9}$, $0.2222\cdots = \frac{2}{9}$, $0.3333\cdots = \frac{3}{9} = \frac{1}{3}$

$0.4444\cdots = \frac{4}{9}$, $0.5555\cdots = \frac{5}{9}$, $0.6666\cdots = \frac{6}{9} = \frac{2}{3}$

$0.7777\cdots = \frac{7}{9}$, $0.8888\cdots = \frac{8}{9}$, $0.9999\cdots = \frac{9}{9} = 1$

0.99999⋯는
1에 수렴!

특히 어떤 수에 9를 곱했을 때, 그 답의 각 자릿수를 모두 더하면 항상 9이다.

$2 \times 9 = 18$, $3 \times 9 = 27$, $4 \times 9 = 36$
$5 \times 9 = 45$, $6 \times 9 = 54$, $7 \times 9 = 63$
$8 \times 9 = 72$, $9 \times 9 = 81$

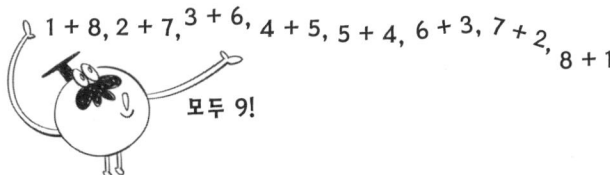

1 + 8, 2 + 7, 3 + 6, 4 + 5, 5 + 4, 6 + 3, 7 + 2, 8 + 1

모두 9!

오! 진리의 상징
위대한 9다!

그래서 고대 히브리인들은 항상 다른 모두 수를 자신의 우리 속에 감싸 안으면서 자신과 같은 수를 낳고, 자신으로 돌아가는 9를 변하지 않는 진리의 상징으로 여겼다.

PART 12

수 10과 십진법

12. 수 10과 십진법

이제 수에 대한 우리의 여행이 10이라는 종착역에 도착했다.

아쉽죠···

'데카드(Decad)'라고도 하는 10은 1부터 9까지의 수들의 크기를 보면 가장 큰 수이다.

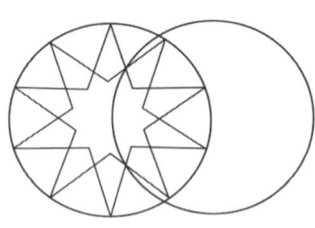

특히 피타고라스는 우스갯소리로 이 수를 '그릇'이라는 뜻의 '데카다(dechada)'라고 불렀다.

10은 그릇(데카다)

또, 피타고라스학파는 데카드를 모든 자연의 분명한 법칙 또는 우주에 대한 신성한 작용의 결합이라고 보았다.

결합!

그들은 10을 운명, 우주, 하늘과 공평한 신이라고 인식했다.

운명, 우주 하늘과 공평의 신!

그리고 1 + 2 + 3 + 4 = 10이기 때문에 10에만 특별히 다른 이름인 테트락티스(tetraktys)라고 했다.

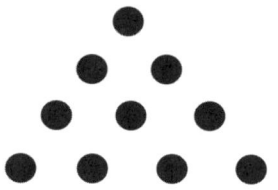

이 경우 1은 점, 2는 선, 3은 면, 4는 공간을 나타낸다.

10은 그 속에 부모 수인 1과 2 그리고 부모수의 자식들로 여겨지는 3에서 9에 이르는 7개의 수를 모두 포함하고 있고,

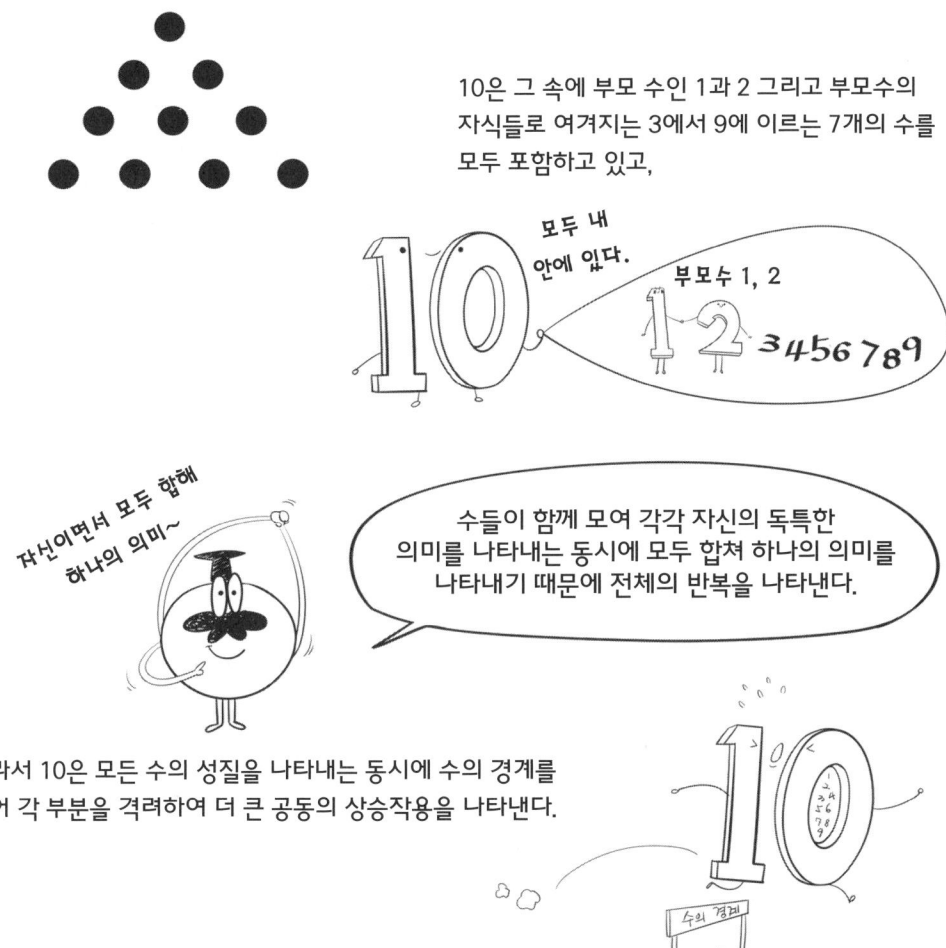

따라서 10은 모든 수의 성질을 나타내는 동시에 수의 경계를 넘어 각 부분을 격려하여 더 큰 공동의 상승작용을 나타낸다.

그래서 피타고라스학파는 1과 2처럼 10 역시 '수'로 간주하지 않았다.

10은 창조의 1에서 완성의 9에 이르기까지 수들의 모든 본질적 의미를 담고 있는 창조과정의 패러다임이다.

따라서 10은 우주로 발현되는 모든 산술적 비례와 기하학적 패턴을 포함하며, 질서정연한 우주의 구조를 이해하는 데 필요한 모든 것을 가지고 있다.

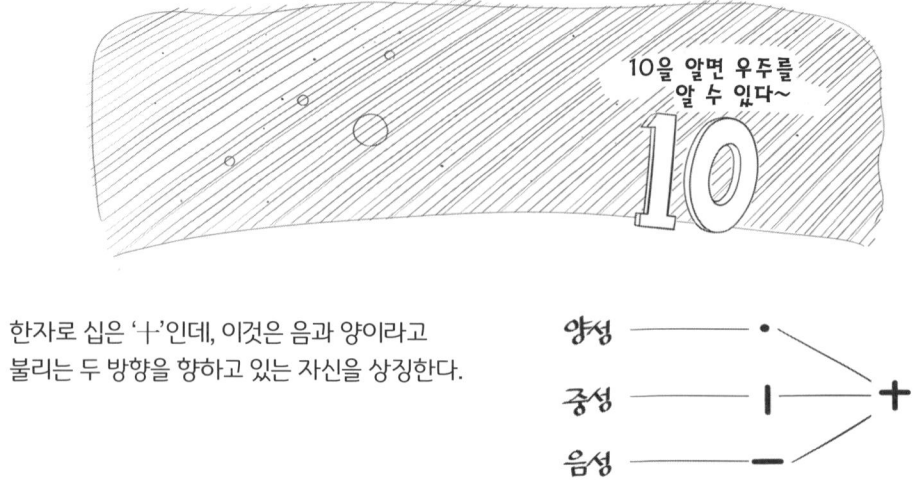

한자로 십은 '十'인데, 이것은 음과 양이라고 불리는 두 방향을 향하고 있는 자신을 상징한다.

통설로는 동서를 뜻하는 ―와 남북을 뜻하는 |이 모두 갖추어져 완전성을 상징한다고 한다.

기독교에서 10은 모세의 십계를 나타내는 숫자다. 10개의 등불, 10인의 처녀, 10탈란트 등의 비유에 나오는 숫자다. 신에게 바치는 $\frac{1}{10}$ 세(십일조)다.

영어 ten은 '양손'이란 뜻의 인도-유럽어 'dekm'에서 유래했다고 한다.

양손은 우리 몸에서 가장 재주가 많은 부분이자 다른 부분에 닿을 수 있는 유일한 열 손가락이 있다.

이로부터 산스크리트어인 다사(dasa), 그리스어 데카(deka), 라틴어 데켐(decem)이 생겨났다고 한다.

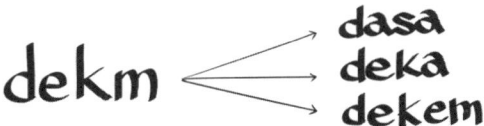

독일어 갈래에서는 'd'가 'tz'의 음으로 바뀌어 zehn이 되었고, 여기서 ten이 생겨났다고 한다.

이와 같은 10의 수리철학적 의미보다 우리가 직접 10의 필요성을 느낄 수 있는 것은 수 세기이다.

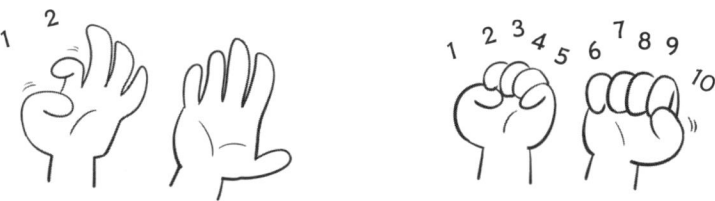

먼 옛날에 양치기들이 작은 조약돌을 이용해서 양을 세고 있었다.
양치기가 우리 앞에 서 있으면 양이 한 마리씩 우리 안으로 들어갔고, 그때마다 양치기는 작은 조약돌을 검은 주머니 속에 넣었다.

열 마리가 들어가면 검은 주머니 속의 작은 조약돌을 모두 빼내고 회색 주머니 속에 조약돌 하나를 넣었다.

또 열 마리가 들어가면 회색 주머니 속에 또 다른 조약돌을 넣었다.

그러기를 반복하다가 마침내 회색 주머니 속에 조약돌이 열 개가 되면 모두 빼내고 흰색 주머니 속에 조약돌 하나를 넣었다.

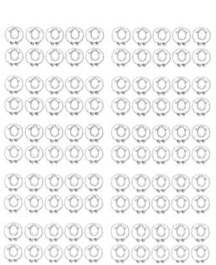 

이런 방식을 이용하여 양치기는 100단위, 10단위, 1단위로 수를 셀 수 있었다.

또 가지고 다니기 편리한 주머니 속에 있는 조약돌 수를 보고 양이 몇 마리 있는지 금세 알 수 있었다.

이백   칠십   네마리 있군~

100단위   10단위   1단위

10 진법!

고대부터 사용되었던 이런 수 세기 방식은 십진법이다. 이는 0부터 9까지의 수 열 개를 이용하여 10단위인 1, 10, 100, 1000등으로 셈을 한다.

인류 역사상 존재했던 여러 가지 셈법이 이처럼 10을 기준으로 한다. 하지만 이들이 수학적인 근거로 10을 사용했던 것은 아니다.

10을 이용하면 셈이 쉬워지는 것 같지만 다른 수를 기준으로 해도 셈이 딱히 어려워지는 것은 아니다.

예를 들어 시간을 측정하는 60을 이용하여 셈을 해 보자.

1시간에 60분, 1분에 60초이므로 1시간의 $\frac{1}{4}$ 은 15분이고 $\frac{1}{3}$ 은 20분임을 쉽게 알 수 있다.

 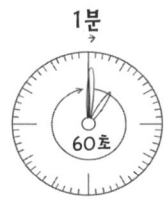 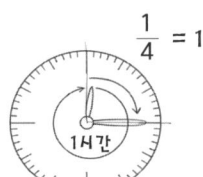 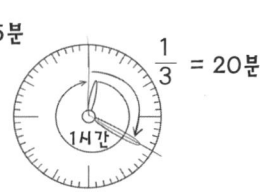

그런데 1시간을 10분, 1분을 10초라고 한다면 1시간의 $\frac{1}{4}$ 은 2.5분, 즉 2분 5초 이지만 $\frac{1}{3}$ 은 $10 \times \frac{1}{3} = 3.3333\cdots$ 이므로 정확하게 몇 분인지 정할 수 없다.

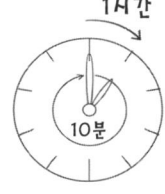  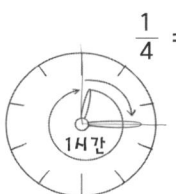 

3.3333…분 정확히 몇 분이지???

즉, 10을 이용하는 것보다 60을 이용하는 것이 더 편리하고 간단하다.

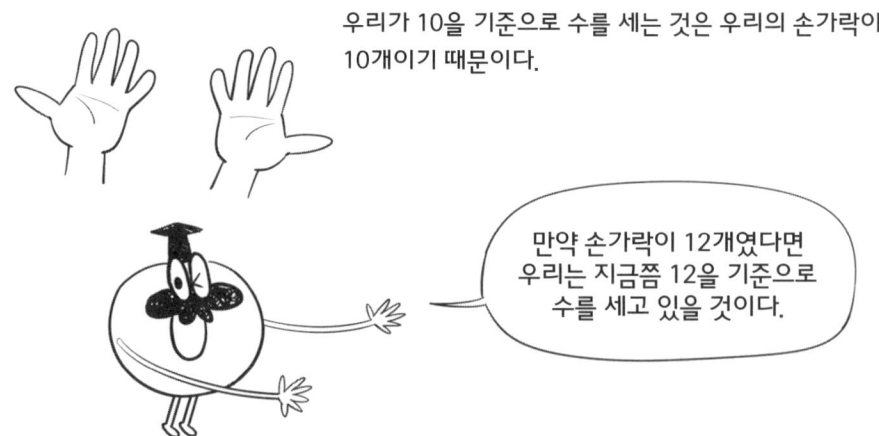

수에 대한 개념이 생기고 이름을 붙이기 시작하며 수를 기호로 나타내기 시작했다. 그와 동시에 수에 대한 자릿값을 계산하는 방법이 발전하기 시작했다. 현재 알려진 가장 오래된 자릿값 계산법은 바빌로니아 사람이 고안한 것으로, 이것은 고대 수메르 사람들이 사용하던 60진법에서 발전한 것이다.

60진법을 사용하던 바빌로니아 사람들은 0에서 59까지의 숫자를 각각의 60개의 기호로 표시하지 않고 두 개의 기호만을 사용했는데 1은 𒁹로, 10은 1의 기호를 옆으로 누인 𒌋으로 표기했다. 우리는 이런 기호를 쐐기문자라고 하는데 다음 그림은 그들이 표기했던 쐐기문자들이다.

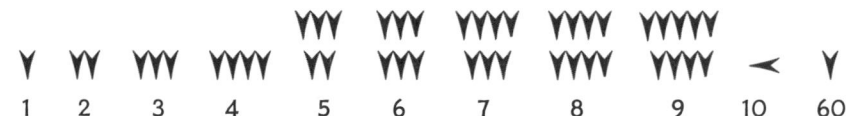

그림을 잘 보면 1을 나타내는 기호와 60을 나타내는 기호가 같음을 알 수 있다. 이것은 그들이 60진법과 자릿값을 사용했음을 말해준다.

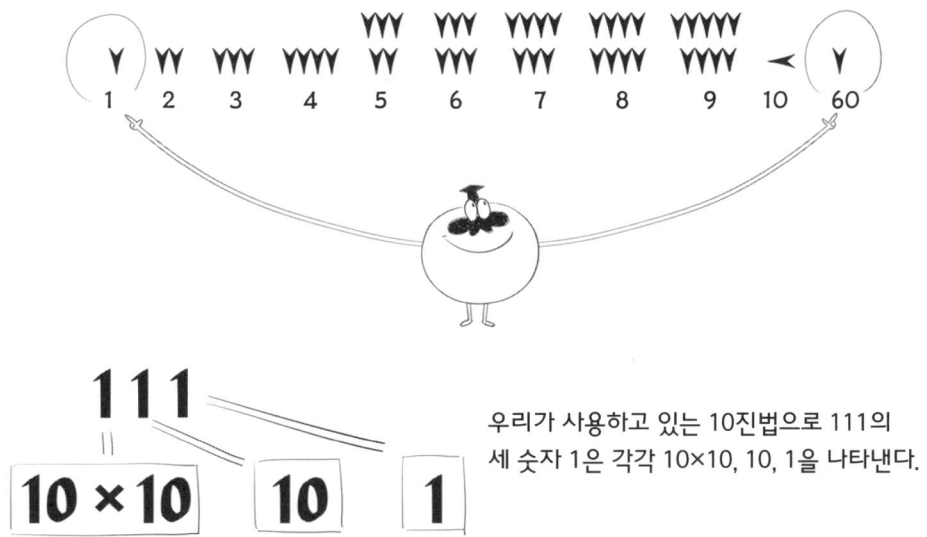

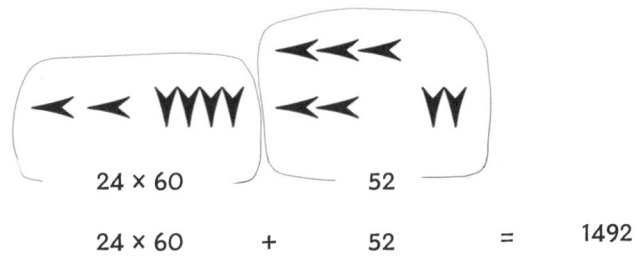

우리가 사용하고 있는 10진법으로 111의 세 숫자 1은 각각 10×10, 10, 1을 나타낸다.

바빌로니아 숫자도 이와 마찬가지로 한 자리가 올라갈 때마다 자릿값이 60의 거듭제곱으로 이루어지는데, 예를 들면 다음 그림은 오늘날의 수로 1492를 나타낸다. 처음 두 개의 기호는 10을 나타내는 것이고 그 다음은 52를 나타낸다.

바빌로니아 사람들은 60진법을 사용했지만 바빌로니아와 멀지 않은 곳에 살았던 고대 이집트 사람들은 10진법을 사용했다. 이집트 사람들은 수를 표현하는 다음과 같은 기호 즉 숫자를 가지고 있었다.

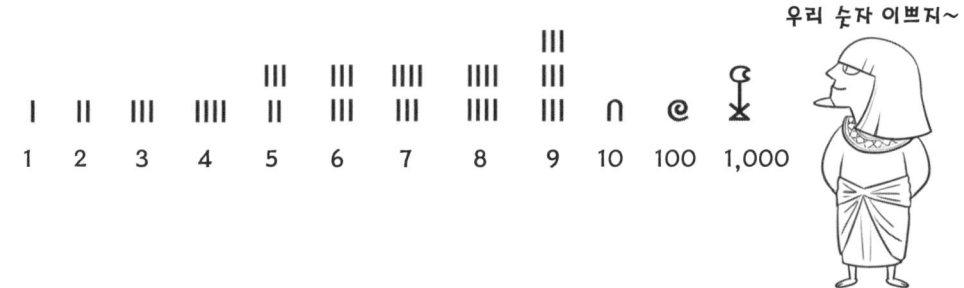

오 마이 갓~
1과 60도 같고
온통 ∀ 야

우리도 익숙해지면
쓸만하거든...

거기도 | 만
보이는구만.

이집트 사람들의 수 표현은
바빌로니아 사람들과는 다르게
혼동할 염려가 없었다.

예를 들면 다음 그림은 1000이 하나,
100이 4개, 10이 9개 1이 2개이므로
1492를 나타낸다.

1,000 + 400 + 90 + 2 = 1,492

지금부터 약 2000년 전인
로마에서는 또 다른 기호를
사용하여 수를 나타냈다.

1부터 4까지의 숫자는 획을 그어 표시했고, 5, 10, 50과 같은 수는
앞에서 사용한 것과는 다른 다음 그림과 같은 기호를 사용했다.

I	II	III	IIII	V	VI	VII	VIII	VIIII	X	L	CI	CIↃ	CIↃ
1	2	3	4	5	6	7	8	9	10	50	100	500	1,000

기간이 지난 후에 500과 1000등은
또 다른 기호로 바뀌게 되었다.

IIII VIIII

많다...

특히 4와 9를 나타내는 IIII 와 VIIII는 너무 많은 세로
획을 사용했기 때문에 불편했다.

208

그래서 4는 5보다 하나 적은 수라는 의미로 IV로,
9는 10보다 하나 적은 수라는 의미로 IX로 나타냈다.

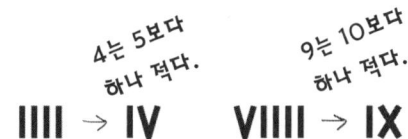

어쨌든, 1492는 다음과 같이 나타냈다.

CIƆ CCCC L XXXX II

1,000 + 400 + 50 + 40 + 2 = 1,492

동양에서 사용한 숫자는 우리에게도 익숙한 한자이다.

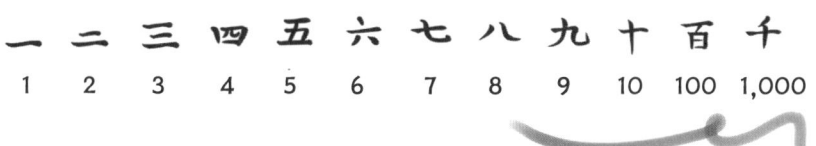

이 방법으로 1492를 나타내면 다음과 같다.

一 千 四 百 九 十 二

1 × 1,000, 4 × 100, 9 × 10, 2 = 1,492

지금까지 알아본 바빌로니아, 이집트, 로마 사람들과
같이 어떤 수를 나타낼 때 특정한 기호를 여러 번 사용하여 나타내는 방법을
'단순 그룹핑법(Simple grouping systems)'이라고 한다.

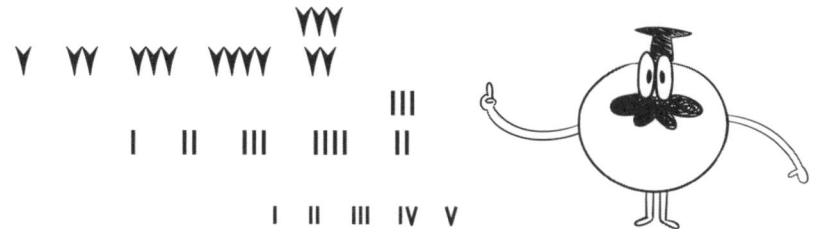

12. 수 10과 십진법

> 동양의 한자와 같이 수를 곱셈을 이용하여
> 나타내는 방법을 '승법적 그룹핑법'
> (multiplicative groupings systems)이라고 한다.

一 千 四 百 九 十 二
1 × 1,000, 4 × 100, 9 × 10, 2 = 1,492

오늘날 우리가 사용하고 있는 인도-아라비아 숫자 0부터 9의 기원은 확실치는 않지만, 기원전 500년 초기에 중앙 인도에서 처음 사용된 것으로 믿고 있다.

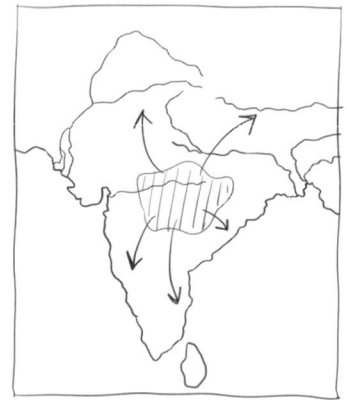

처음에 아라비아인들은 인도와 무역을 하면서 인도인들로부터 이 숫자를 쓰고 계산하는 방법을 배웠다.

쌀 25푸댄 저리로 콩 61푸댄 이리로

오! 숫자를 그렇게 쓰니 좋은데요 저 좀 가르쳐 주시죠~

825년경에는 아라비아의 뛰어난 수학자 알-콰리즈미(Muhammad ibn Mūsā al-Khwārizmī)가 자신의 책에서 인도의 기수법을 극찬하기도 했다.

인도 기수법 짱!

인도의 숫자가 스페인에 처음 전해진 것은 11세기경의 고바르 숫자(Ghobar numerals)였다.

1 2 ʒ ɛ 5 6 7 8 9

이렇게 따라 쓰면 안 될텐데...

그리고 당시에는 인쇄술이 발명되지 않았기 때문에 숫자의 모양을 본떠서 이 책에서 저 책으로 옮겨 적었다.

결국 사람의 손을 거쳐서 써지고 복사되면서 그 형태가 조금씩 변하게 되었고, 1450년경 인쇄술의 발명으로 그 모양이 오늘날 우리가 사용하고 있는 것과 비슷한 형태가 되었다. 그리고 잘 보면 976년에 쓰인 숫자에는 0이 없어. 아직 0이 발명되기 전이기 때문이지.

이제 우리가 현재 수를 셀 때 사용하는 단어인 '하나, 둘, 셋' 등은 언제부터 사용했는지 알아보자.

고려와 송나라는 빈번하게 사신을 교류했는데, 송나라의 손목(孫穆)이라는 사람이 책을 교류하는 사신으로 고려의 숙종 8년인 1103년에 고려에 다녀갔다. 손목은 송나라로 돌아간 후에 당시 고려의 여러 가지 풍습과 함께 고려어 약 360개를 『계림유사(鷄林類事)』라는 책에 수록했다.
손목이 『계림유사』에 수록한 당시의 우리말은 고려의 단어를 한자의 음이나 뜻을 빌려 적은 것으로, 『계림유사』는 사학적인 자료로 보다는 오히려 국어학적인 연구자료로써 매우 중요하다고 한다.

손목이 『계림유사』에 어떤 방법으로 고려어를 기록했는지 한 가지 예를 살펴보자.

예를 들어 『계림유사』에 기록된 천왈한날 (天曰漢捺)에서 천(天)은 뜻을 나타내며 한날(漢捺)은 발음에 해당하여 '천(天)은 한날(漢捺)이라 한다.'로 읽을 수 있다.

천왈한날
(天曰漢捺)

天은 한날(漢捺)로 읽는다~

즉 고려인들은 하늘을 한날이라고 말한다고 적고 있다.

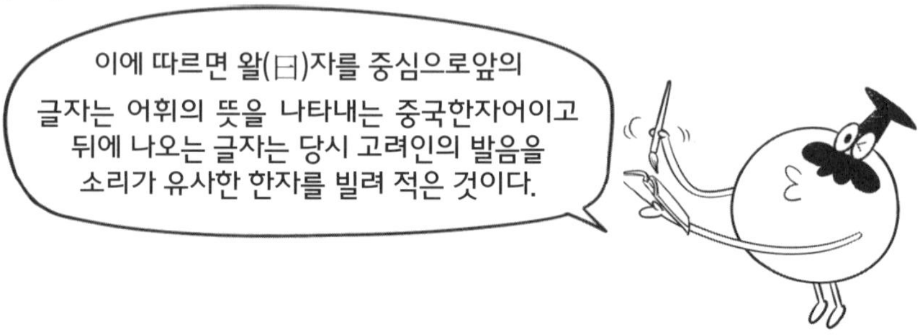

한날!(하늘)

이에 따르면 왈(曰)자를 중심으로 앞의 글자는 어휘의 뜻을 나타내는 중국한자어이고 뒤에 나오는 글자는 당시 고려인의 발음을 소리가 유사한 한자를 빌려 적은 것이다.

이때 주의할 것은 한날은 오늘날의 한자음이 아닌 북송시대 중국인들의 발음을 한자음을 이용하여 적은 것이므로 『계림유사』를 정확하게 해독하기 위해서는 성운학(聲韻學)에 대한 이해가 필요하다.

송나라 발음과 고려 발음의 차이를 이해해야

그 당시 사용한 고려말 발음을 이해 할 수 있지.

이를 감안 하더라도 오늘날 우리의 발음과 유사함을 알 수 있는데, 오른쪽 표는 『계림유사』에 수록된 어휘 중 몇 가지이다. 이에 따르면 하늘을 한날, 해를 항, 바람을 발람, 귀신을 기심, 구름을 굴림, 꽃을 골, 소금을 소감, 고기를 고기, 할머니를 한료미로 발음한다고 소개되어 있다.

한자(뜻)	발음대로 한자로 쓴 것	현재 발음
天(천)	漢捺(한날)	하늘
日(일)	姮(항)	해
風(풍)	孛纜(발람)	바람
鬼(귀)	幾心(기심)	귀신
雲(운)	屈林(굴림)	구름
花(화)	骨(골)	꽃
鹽(염)	蘇甘(소감)	소금
魚肉(어육)	姑記(고기)	고기
姑(고)	漢了彌(한료미)	할머니
洗手(세수)	遜時蛇(손시사)	손을 씻다.

『계림유사』에 수록된 어휘를 18개의 항목으로 분류할 수 있고, 이 중에는 당시 고려인들이 수를 어떻게 발음했는지 알려주는 내용도 있어서 수학적으로도 매우 귀중한 자료이다. 고려시대 우리 선조들이 1부터 9까지의 수와 10부터 90까지의 수를 어떻게 발음했는지 『계림유사』의 기록을 통하여 알아보자.

한자	一	二	三	四	五	六	七	八	九
계림유사	河屯 하둔	途孛 도발	洒 세	迺 내	打戌 타술	逸戌 일술	一急 일급	逸答 일답	鴉好 아호
현재	하나	둘	셋	넷	다섯	여섯	일곱	여덟	아홉

한자	十	二十	三十	四十	五十	六十	七十	八十	九十
계림유사	噎 일	戌沒 술몰	實漢 실한	麻雨 마우	舜 순	逸舜 일순	一短 일단	逸頓 일돈	鴉順 아순
현재	열	스물	서른	마흔	쉰	예순	일흔	여든	아흔

하둔, 도발, 세, 내, 타술
일술, 일급, 일달, 아호, 일…
술몰 … 실한… 마우…

12. 수 10과 십진법

또 100(百)은 『계림유사』에 온(醞)으로 읽는다고 되어 있고, 1000(千)은 천(千)으로 10000(萬)은 만(萬)으로 읽는다고 되어 있다.

그런데 언어학자들의 연구에 의해 예전에는 천을 즈믄, 만을 드먼이라고 읽었다는 것이 밝혀졌다.

즈믄(千)
드먼(萬)

드먼은 북한에 있는 두만강에서 찾을 수 있는데, 드먼이 만이므로 두만강은 갈래가 만 개나 되는 강이라는 뜻이다.

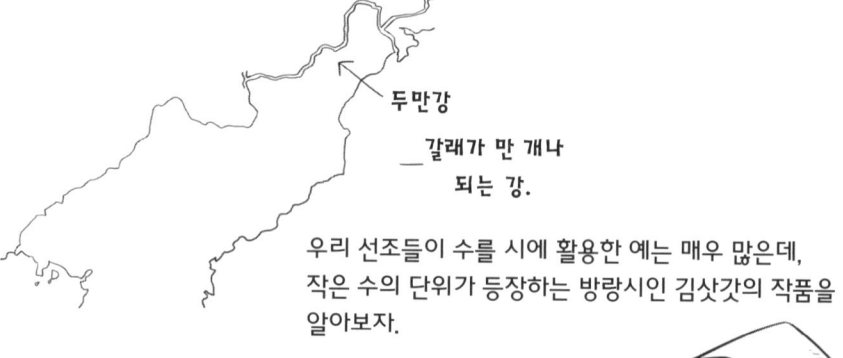

두만강
— 갈래가 만 개나 되는 강.

우리 선조들이 수를 시에 활용한 예는 매우 많은데, 작은 수의 단위가 등장하는 방랑시인 김삿갓의 작품을 알아보자.

| 一峯二峯 三四峯 (일봉이봉 삼사봉) 하나, 둘, 셋, 네 봉우리
| 五峯六峯 七八峯 (오봉육봉 칠팔봉) 다섯, 여섯, 일곱, 여덟 봉우리
| 須臾更作 千萬峯 (수유갱작 천만봉) 잠깐 사이에 천만 봉우리로 늘어나더니
| 九萬長天 都是峯 (구만장천 도시봉) 온 하늘이 모두 구름 봉우리로다.

이 시는 구름 속에 가려진 금강산의 아름다움을 표현한 것으로 구름이 움직일 때마다 봉우리의 수가 변하고 있다. 여기서 잠깐 사이를 뜻하는 수유(須臾)가 수를 읽는 단위이다.

다음 표는 우리가 사용하고 있는 큰 수와 작은 수를 읽는 단위의 명칭이다.

10^n	단위 명칭	한자	10^n	단위명칭	한자
10^{68}	무량수	無量數	10^{-1}	분	分
10^{64}	불가사의	不可思議	10^{-2}	리	厘
10^{60}	나유타	那由他	10^{-3}	모	毛
10^{56}	아승기	阿僧祇	10^{-4}	사	糸
10^{52}	항하사	恒河沙	10^{-5}	홀	忽
10^{48}	극	極	10^{-6}	미	微
10^{44}	재	載	10^{-7}	섬	纖
10^{40}	정	正	10^{-8}	사	沙
10^{36}	간	澗	10^{-9}	진	塵
10^{32}	구	溝	10^{-10}	애	埃
10^{28}	양	穰	10^{-11}	묘	渺
10^{24}	자	仔	10^{-12}	막	莫
10^{20}	해	垓	10^{-13}	모호	模糊
10^{16}	경	京	10^{-14}	준순	浚巡
10^{12}	조	兆	10^{-15}	수유	須臾
10^{8}	억	億	10^{-16}	순식	瞬息
10^{4}	만	萬	10^{-17}	탄지	彈指
10^{3}	천	千	10^{-18}	찰나	刹那
10^{2}	백	百	10^{-19}	육덕	六德
10^{1}	십	十 또는 拾	10^{-20}	공허	空虛
10^{0}	일	一 또는 壹	10^{-21}	청정	淸淨

이 표에 의하면 김삿갓의 시에 나오는 수유는 $10^{-15} = \dfrac{1}{1000000000000000}$ 이므로 매우 빠른 시간임을 알 수 있다.

또, 위의 단위 중에서 항하사는 항하(恒河), 즉 갠지스 강의 모래알(沙)의 수를 나타낸다.

항하사보다 큰 단위는 모두 불교 경전에 나오는 말들로, 불가사의는 상식으로는 도저히 생각할 수 없는 것 또는 이상한 것을 의미한다.

특히 우리말로 경을 골, 정을 잘로 불렀다고 전해지고 있으며, 다른 단위에 대한 우리말은 현재까지 알려진 것이 없다.

온	=	10^2	=	100
즈믄	=	10^3	=	1000
드먼	=	10^4	=	10000
골	=	10^{16}	=	10000000000000000
잘	=	10^{40}	=	10000000000000000000000000000000000000000

이를 다시 한 번 정리하면, 온은 10^2, 즈믄은 10^3, 드먼은 10^4, 골은 10^{16}, 잘은 10^{40}이다.

이와 같은 말은 지금도 그 형태가 남아 있는 것이 있는데, '온몸이 아프다.'에서 온몸은 백을 나타내고, '골 백번 죽어도'에서 골은 경을 나타낸다.

온몸이 아퍼!
(백몸이 아퍼)

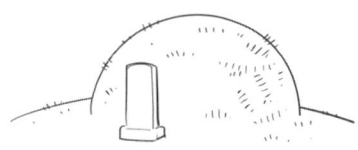

골 백번 죽어도
(10^{16} 백번 죽어도)

큰 수의 명칭과 마찬가지로 작은 수의 명칭도
대부분 불교 용어에서 비롯된 것들이다.

진(塵)과 애(埃)는 둘 다 먼지를 뜻하는 말로
인도에서는 가장 작은 양을 나타낸다고 한다.

또한 찰나(刹那)는 눈 깜짝할 사이라는 의미이며, 청정(淸淨)은 먼지 하나 없는 맑디맑음을 뜻한다.

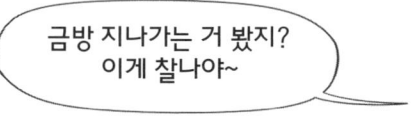

작은 단위도 우리가 일상생활에서 많이 사용하고 있는데, '이거 모호한데.', '순식간에 지나갔다.', '내가 넘어지는 찰나', '공허한 마음' 등과 같은 예를 들 수 있다.

한편, 하나, 둘, 셋, 다섯, 열이 어떻게 시작되었는지 정확하게는 알 수 없지만, 하나는 태양과
같은 말인 해의 옛말 'ㅎㅣ(日)', 둘은 달(月)의 옛말인 '둘', 셋은 '설(年)'에서 비롯되었다고 한다.

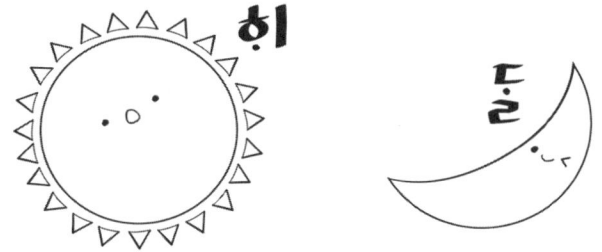

12. 수 10과 십진법   217

> 또 다섯과 열은 옛날에 우리 선조들이 손가락셈을 했다는 흔적이기도 하다.

다섯은 손가락을 하나씩 꼽으면서 셈을 하다보면 다섯 번째에는 손가락이 모두 닫히기 때문에 '닫힌다.'에서 비롯되었다고 한다.

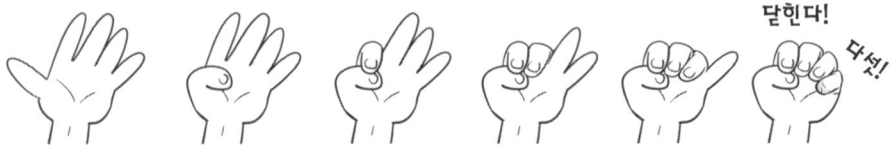

닫힌다! 다섯!

열은 닫혔던 손가락을 하나씩 펴가다 마침내 10이 되면 모두 열리기 때문에 '열린다.'에서 비롯되었다고 한다.

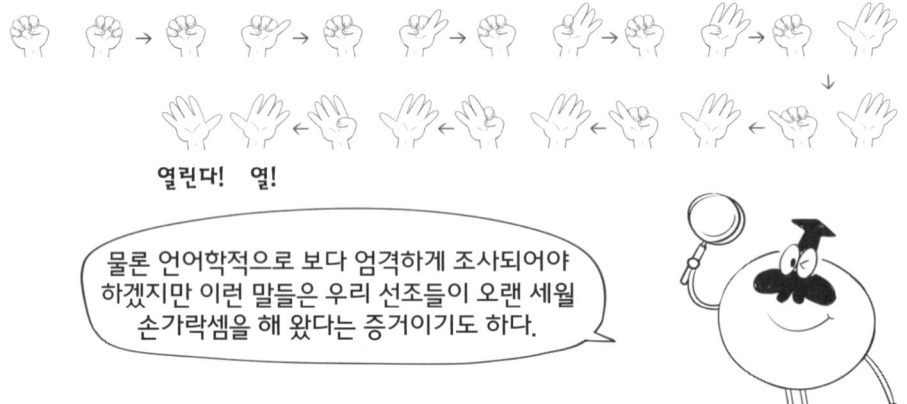

열린다! 열!

> 물론 언어학적으로 보다 엄격하게 조사되어야 하겠지만 이런 말들은 우리 선조들이 오랜 세월 손가락셈을 해 왔다는 증거이기도 하다.

이제 오늘날 사용하는 국제적인 단위를 알아보자. 오늘날 널리 사용되고 있는 큰 단위에는 컴퓨터의 용량을 나타내는 데 주로 사용되는 메가(10^6), 기가(10^9), 테라(10^{12})가 있고, 작은 단위로는 마이크로(10^{-6}), 나노(10^{-9}), 피코(10^{-12})가 있다. 그러나 과학이 더욱 발전할 미래에는 더 큰 단위인 페타(10^{15}), 엑사(10^{18}), 제타(10^{21}), 그리고 더 작은 단위인 펨토(10^{-15}), 아토(10^{-18}), 젭토(10^{-21}) 등도 사용하게 될 것이다.

다음 표는 큰 수와 작은 수를 나타내는 국제표준단위계의 접두어다.

10^n	접두어	기호	한글 명칭	십진수 표현
10^{24}	요타 (yotta)	Y	자	1,000,000,000,000,000,000,000,000
10^{21}	제타 (zetta)	Z	십 해	1,000,000,000,000,000,000,000
10^{18}	엑사 (exa)	E	백 경	1,000,000,000,000,000,000
10^{15}	페타 (peta)	P	천 조	1,000,000,000,000,000
10^{12}	테라 (tera)	T	조	1,000,000,000,000
10^9	기가 (giga)	G	십 억	1,000,000,000
10^6	메가 (mega)	M	백 만	1,000,000
10^3	킬로 (kilo)	k	천	1,000
10^2	헥토 (hecto)	h	백	100
10^1	데카 (deca)	da	십	10
10^0	(없음)	(없음)	일	1
10^{-1}	데시 (deci)	d	십분의 일	0.1
10^{-2}	센티 (centi)	c	백분의 일	0.01
10^{-3}	밀리 (milli)	m	천분의 일	0.001
10^{-6}	마이크로 (micro)	μ	백 만분의 일	0.000001
10^{-9}	나노 (nano)	n	십 억분의 일	0.000000001
10^{-12}	피코 (pico)	p	일조분의 일	0.000000000001
10^{-15}	펨토 (femto)	f	천 조분의 일	0.000000000000001
10^{-18}	아토 (atto)	a	백 경분의 일	0.000000000000000001
10^{-21}	젭토 (zepto)	z	십 해분의 일	0.000000000000000000001
10^{-24}	욕토 (yocto)	y	일자분의 일	0.000000000000000000000001

특히 10^{-9}인 나노는 오늘날의 과학을 이끌어가고 있는 단위다.

나노는 '난쟁이'를 뜻하는 고대 그리스어인 '나노스(nanos)'에서 유래한 말이고,

나노과학이 본격적으로 등장한 것은 1980년대 초 주사 터널링 현미경(SRM)이 개발되면서부터다.

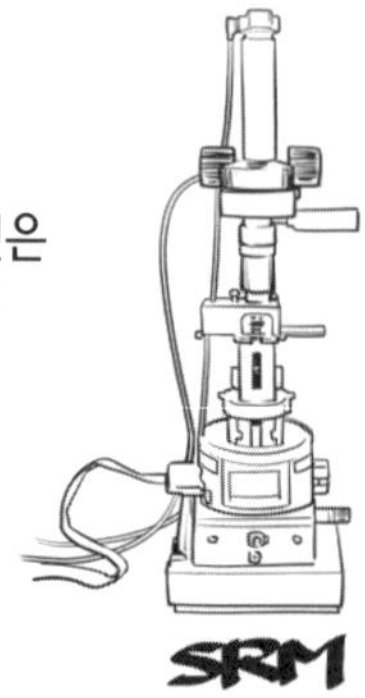

10억분의 1을 뜻하는 나노는 오늘날 매우 미세한 물리학 계량 단위로 사용되고 있으며, 나노세컨드(nanosecond)는 10억분의 1초, 나노미터(nanometer)는 10억분의 1미터를 가리킨다.

10억분의 1미터라고 하면 언뜻 감이 오질 않는데, 일반적으로 사람 머리카락 한 가닥의 굵기가 10만 나노미터라고 하니 어느 정도 길이인지 대충 짐작할 수 있을 것이다.

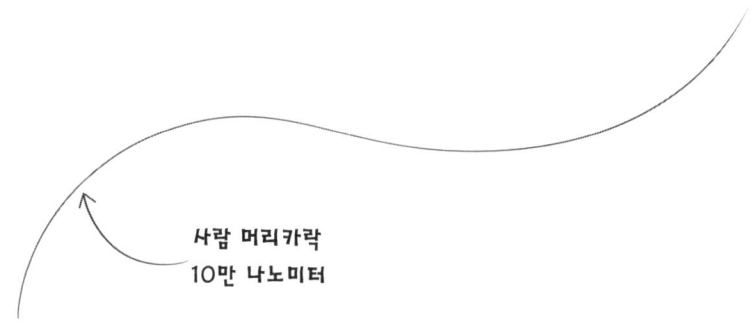

사람 머리카락
10만 나노미터

지금까지 우리는 0부터 10까지의 수가 나타내는 의미를 알아보았다.

이런 수를 바탕으로 발전된 수학은 실생활의 모든 분야에서 사용되고 있다. 우리가 수학을 사용한다는 것을 느끼건 느끼지 못하건 관계없이 수학은 늘 우리 곁에 있다.

비록 우리가 수학을 단순히 더 좋은 대학에 가기 위한 도구로 사용한다고 할지라도

수학은 세상을 이해하는 필수불가결한 도구이며 문화와 문명을 이끌어가는 주체이다.

비록 지금까지 수학을 멀리했었어도 바로 이제부터라도 수학과 친해져 보자. 그러면 수학은 여러분의 미래를 밝게 열어줄 것이다.

참고문헌

참고문헌

리처드 만키에비츠 저, 이상원 역, 문명과 수학, 경문사, 2002.
마르크 알랭 우아크냉 저, 변광배 역, 수의 신비, 2003, 살림.
마이클 슈나이더 저, 이충호 역, 자연, 예술, 과학의 수학적 원형, 경문사, 2002.
얀 굴베리 저, 권창욱, 홍대식 역, 수학백과, 경문사, 2013.
이광연, 멋진 세상을 만든 수학, 문학동네, 2011.
존 스트로마이어, 피터 웨스트브룩 저, 류영훈 역, 피타고라스를 말하다, 퉁크, 2005.
칼 보이어 저, 양영오, 조윤동 역, 수학의 역사 상, 하, 경문사, 2004.
피터 벤틀리 저, 신항균 역, 수의 비밀, 경문사, 2013.
하랄트 하르만 저, 전대호 역, 숫자의 문화사, 알마, 2013.
하워드 이브스 저, 이우영, 신항균 역, 수학사, 경문사, 2005.
EBS, 문명과 수학, 민음인, 2014.